感悟河南水利

王仕尧　主编

中国水利水电出版社
www.waterpub.com.cn

内 容 提 要

河南地处中原，是我国唯一地跨长江、淮河、黄河、海河四个大流域的省份。从五千年前，大禹带领部族先民们掀开中国治水史上的第一页起，中原大地上历代中华儿女的治水步伐从未停息。本书以时间为轴线，以独特的视角纵观河南水利古今治水历程。全书共分10章，介绍了治水对朝代更替的深远影响，展现了河南因水而兴的辉煌，也讲述了中原大地饱受水旱灾害的凄凉。文中不仅有鲜活的历史人物，亦有生动的治水事件，有成功的经验，也不乏失败的教训。汇集成书，旨在为期望了解河南水利的读者提供一些参考。

本书不仅是水利类书籍，更是文学佳作，语言生动，可读性强，不仅适合从事水利工作的同志阅读，也适合社会大众参阅。同时，本书更是有志献身于水利事业的广大学子们的案头好伙伴。

图书在版编目（ＣＩＰ）数据

感悟河南水利 / 王仕尧主编. -- 北京 ：中国水利
水电出版社，2013.6
　　ISBN 978-7-5170-0981-8

Ⅰ．①感… Ⅱ．①王… Ⅲ．①水利史－河南省 Ⅳ.
①TV-092

中国版本图书馆CIP数据核字(2013)第142521号

书　　名	**感悟河南水利**
作　　者	王仕尧 主编
出版发行	中国水利水电出版社 （北京市海淀区玉渊潭南路1号D座　100038） 网址：www. waterpub. com. cn E－mail：sales@waterpub. com. cn 电话：(010) 68367658（发行部）
经　　售	北京科水图书销售中心（零售） 电话：(010) 88383994、63202643、68545874 全国各地新华书店和相关出版物销售网点
排　　版	贵艺图文设计中心
印　　刷	三河市鑫金马印装有限公司
规　　格	170mm×240mm　16开本　17.75印张　173千字
版　　次	2013年6月第1版　2013年6月第1次印刷
印　　数	0001—1500册
定　　价	**46.00元**

编委会名单

主　　编：王仕尧

编　　审：王国栋　李斌成　申季维　姚　斌　苏嵌森

副 主 编：王延荣　李　良　范留明　杨惠淑　顾长宽
　　　　　李乐乐

摄　　影：张进平　杨其格　李　翀　李德武（历史部分）

摄影编辑：于慧慧　侯鹏松

序

水利春天里的一朵奇葩

水是生命之源、文明之源。我国是一个具有悠久治水历史的国家，从一定意义上讲，中华民族五千年文明史就是一部兴水利、除水害的历史。从大禹治水变"堵"为"疏"，到大江大河的大规模整治，再到水资源的科学管理；从都江堰工程建设，到长江三峡的开发利用，再到南水北调的顺利实施；从数万座病险水库除险加固，到解决农村饮水安全问题，再到民生水利的全面推进，中华民族在长期治水实践中，创造了巨大的物质和精神财富，形成了独特而丰富的水文化。

文化是民族的血脉，是人民的精神家园，文化建设是中国特色社会主义事业总体布局的重要组成部分。党的十七届六中全会明确提出推动社会主义文化大发展大繁荣、建设社会主义文化强国的战略思想，对当前和今后一个时期文化改革发展作出了全面系统部署。水文化是中华文化和民族精神的重要组成，也是实现水利又好又快发展的重要支撑，在现代水利事业发展全局中具有重要地位，发挥着不可替代的作用。弘扬和建设先进水文化，既要注重阐明水文化建设的重大理论问题，又要注重总结归纳水文化建设的实践成果和经验，尤其要加强我国传统治水理念、治水方略、治水措施研究，从中提炼科学的文化内核，为加快水利改革发展提供有益借鉴。

河南地处华夏腹地，因河得名，因水而兴，是中华文明和中华民族的重要发源地，是我国第一人口大省和农业大省，也是全国唯一地跨长江、黄河、淮河和海河四大流域的省份。对河南的治水历程进行系统梳理，对河南的治水举措进行总结反思，对河南的水文化进行深入挖掘，向全行业、全社会展示水文化研究成果，普及水文化基本知识，开展水文化宣传教育，对推动河南乃至全国的水文化建设和水利改革发展都具有十分重要的参考价值和启迪意义。

我们十分欣慰地看到，正当全国上下深入贯彻落实党的十七届六中全会和 2011 年中央 1 号文件、中央水利工作会议精神，全面推动社会主义文化大发展大繁荣、奋力谱写治水兴水新篇章的重要时刻，《感悟河南水利》一书付梓出版了。该书以科学发展观为指导，贯穿着中华民族自强不息、坚忍不拔的治水精神，洋溢着积极向上、豪迈乐观的文化基调，具有以下四个鲜明特点：一是历史的纵深感。该书以时间脉络为序，运用宏观观察和微观分析相结合的方法，追溯了河南从史前到当代的治水历程，透析了若干治水人物和重大水事件在特定历史时期的重要意义，凸显出中国治水的历史纵深感与文化厚重感。二是深刻的思想性。该书立足河南基本水情，着眼经济社会形势变化，从时代背景切入，系统展现治水对历史发展进程的影响，深刻思辨人与水的关系、治水管水各个领域的关系，从而使读者更加全面深刻地认识和理解治国与治水的关系，更加准确地把握水利改革发展的规律和方向。三是强烈的时代感。该书结合新时期河南水利改革发展的生动实践，紧扣当前人民群众普遍关注的水资源危机、水旱灾害应对、民生水利发展、治水思路转变等重大水利问题，从战略和全局的高度进行深入总结思考，不仅对做好河南水利工作具有很强的现实指导性，对做好全国水利工作也具有非常重要的启发和借鉴作用。四是生动的可读性。该书通篇采用娓娓道来、清新明快的语言风格，在叙述中辅以画龙点睛式的评论，既通俗易懂又发人深省，既饱含哲理又引人入胜，为在新形势下加强和改进水文化宣传提供了范例。

当前和今后一个时期，是全面建设小康社会的关键时期，是加快转变经济发展方式的攻坚时期，也是大力发展民生水利、推进传统水利向现代水利、可持续发展水利转变的重要时期。水利工作者肩负着更为重大的职责和更为光荣的使命，希望各地紧紧抓住和用好文化发展和治水兴水的战略机遇，进一步加快水文化研究和建设步伐，进一步加大水文化传播和普及力度，充分发挥先进水文化的引领和辐射作用，广泛调动全社会大兴水利的积极性，不断掀起水利建设新高潮，加快推进水利改革发展新跨越，为经济社会又好又快发展提供更加有力的水利支撑和保障。

是为序。

目 录

第 1 章

善治国者，必先治水

▶ **提要**

　　水，一直是一柄双刃剑。它在滋养着我们人类的同时，也无时不刻不在伤害着人类，给人类带来无穷无尽的灾难。

　　一部中国历史，从某种程度上也可以说就是一部水患史。据史料研究自公元前 200 年至公元 1949 年，短短两千多年时间里，我国发生的特大洪水就有 1092 次，差不多每两年就要发生一次。水多了成灾，水少了也成灾。同样这两千多年里，发生在我国的特大旱灾也达 1056 次，差不多也是两年一次。在这两千多年里，我们国家几乎每年都要承受一次与水有关的巨大灾情。

　　这就形成了这样的情形，如果说中国史就是水患史，它同时又是一部人类与水的斗争史。

春秋时期，齐相管仲首介："善为国者，必先除其五害。"所谓"五害"是指，水、旱、风雾雹霜、瘟疫和虫灾。他说："五害之属，水最为大。五害已除，人乃可治。"在所有自然灾害中，水的威胁和危害是最大的，它对一个国家经济发展和社会稳定的影响程度也是最大的，只有把水的事情办好，才能保证农业丰收、经济繁荣、社会安定和国家昌盛。

管仲是第一个把治水与治国联系一起、相提并论的。在他看来，治水不仅仅是水利活动，更是国家政治活动的主要手段和重要武器，是治国的基石和基础，是安邦的大计和大策。

这位"治水治国"理论的提出者，更是这一理论的实践者。在他的治理下，齐国水利建设空前发达，各种水利设施星罗棋布、密如蛛网。水利的兴旺发达，极大地丰富了物产，而物产的丰富，使得这个国家的国力空前提高。齐桓公很快"九合诸侯，一匡天下"，一跃而成为"春秋五霸"中的第一霸。

而管仲的"治水治国"理论，由于他在齐国的成功实践，不仅很快为当时人们所认同，更对后世产生了深远的影响，为后世人们、特别是后世帝王所崇奉。自此以后历朝历代，差不多都将它定为基本国策……

说出来，可能都难以置信，一个堂堂的朝代，竟然仅仅因为水患，一而再、再而三地，先后迁都达六次。这个朝代就是商。据史料记载，商汤最早建都在亳，也就是现今的河南商丘。但没几天，便"因水，自亳迁都于嚣"（《竹书纪年》）。也就是现在的开封一带。没几天，又因"河决之患""自嚣迁于相"。今天的内黄县。不久，又"徙都于耿""徙都于庇""徙都于邢"。直到"复迁于殷"，也就是今天的安阳，才算好不容易安定下来。而且前五次迁都，竟发生在短短的四十年内。等于这个国家在有生之年一直被河水撵得窜来窜去，啥都没干光搬家了。

如果一个国家的国都，都被水撵得今天去这儿、明天去那儿，这个国家又何谈治和安？它的人民连居都不能安，又何谈乐业呢？

是的，水是生命之源，生命之本。早在春秋时期，人们就已经认识到"水者何也，万物之本原，诸生之宗室也"（《管子·水地篇》）。但它同时又是一柄锋利的双刃剑。它在哺育、滋养着人类的同时，也无时无刻不在威胁、伤害着人类，给人类带来无穷无尽的祸患和灾难。所以，每当我们提及"水"字，留心

史册就会发现，既有连篇累牍、发自内心的赞美，也有"汤汤洪水方割，荡荡怀山襄陵，浩浩滔天"（《尚书·尧典》），"我谓河伯兮何不仁，泛滥不止兮愁吾人"（《史记·河渠书》）这样的痛殇。

春秋战国是整个中国历史上最为黄金的时期。这一时期，不仅出现了思想文化上的百家争鸣，在人水斗争上也取得了辉煌的战果。不仅涌现了老子、孔子、墨子、韩非子等一大批思想文化巨匠，同时也涌现出西门豹、李冰等一大批治水能手。西门豹是魏国著名政治家，他最主要政绩是在一个叫邺的地方做行政长官时，在漳河流域"发民凿十二渠，引河水灌民田"（《史记·列传·滑稽列传》），使邺的曾经荒凉贫瘠的土地"成为膏腴"。也就是说，与其叫他政治家，还不如叫他水利专家。我们之所以到现在还记着他，完全是因为他对水利事业的这一贡献。若不是因为这事件，很可能他根本就不会被载入史册，我们也不会知道他的名字。李冰比西门豹，又晚了一百多年。他在任蜀郡守期间，主持修建了举世闻名的都江堰。都江堰工程，

都江堰示意图

在我们迄今所知的全部古代水利工程中，科技含量是最高的。它由鱼嘴、宝瓶口、飞沙堰三部分组成。鱼嘴将岷江之水分流

到人工的内江，经宝瓶口进入灌区浇灌农田，而飞沙堰又可以将洪水和泥沙泄回岷江。三个主体工程互相配合，互相支持，既实现了"分洪以减灾"，又完成了"引水以灌田"，构思和设计真可谓精妙绝伦。因此它留给我们的，不仅是一项水利工程，更是一项科学成就。他们两人的治水代表作——引漳十二渠和都江堰，被誉为古代水利灌溉工程的杰作，在世界水利史上都占有重要地位。在人类与水的斗争史中，可以说春秋战国时期是一个分水岭。在此以前，一直都是"水进人退"，斗水的全部目的只是为了与水相持，免除水患。而从此以后，治水翻开了新篇章——在免除水患的同时，开发和利用水资源，让水造福于人类。

李冰的都江堰工程，使得成都平原从此"水旱从人，不知饥馑。时无荒年，天下谓之天府也"（《华阳国志·蜀志》）。而西门豹在邺的治水，史书不称为治水，而直接称其为"治邺"。也就是西门豹看着是治水，实际上却是在治邺；西门豹通过治水，达到了治邺的目的；西门豹

李冰父子雕像

以治水为突破口，完成了对这个叫邺的地方的治理。史书对他们治水的这种描述，是很有意味的。说明当时人们，特别是这些史

书的撰写者们，已经从两人的治水成果感觉到，治水这个事情，不仅可以改变一个地方的生存环境，而且可以改变它的社会面貌和文明程度，对这一地区乃至这一国家的进步，有着巨大的推动作用。后来的司马迁，曾亲历了西汉时期最大的治黄实践——瓠子堵口，并且直接扛石背柴参加了堵口抢险。他在这次经历中，亲眼目睹并切身体验了滚滚黄河洪水猛兽的一面。同时，他在后来撰写《史记·河渠书》时，通过总结前人的治水活动和水利成果，又不断感受到水给人类带来的巨大福祉。正是这种切身的体验和感受，使他不由发出这样的感慨："甚哉，水之为利害也！"水利和水害，对国家兴衰和人类发展的影响，实在是太大了！以至于有人终于说出了这样的话："善为国者，必先除其五害"（《管子》）。此人所说的"五害"是指水、旱、风雾雹霜、瘟疫和虫灾。他说："五害之属，水为最大。五害已除，人乃可治。"在所有自然灾害中，水的威胁和危害是最大的，它对一个国家经济发展和社会稳定的影响程度也是最大的，只有把水的事情办好，才能保证农业丰收、经济繁荣、社会安定和国家昌盛。说这话的人就是管仲。当时他是齐国的国相。在和齐桓公一起探讨治国方略时，他提出了这一观点。

的确，管仲是第一个把治水与治国联系在一起、相提并论的。在他看来，治水不仅仅是水利活动，更是国家政治活动的主要手段和重要武器，是治国的基石和基础，是安邦的大计和大策。他的话，事实证明丝毫不带夸大成分。李冰的治水可为佐证。事实上，早在李冰还没出生时，秦国就已将四川的广大土地纳入了它的战略版图。《战国策·秦策一》载，秦国大将司马错，曾多次向当时的秦惠王陈请伐蜀，目的是"取其地足以广国也，得其财足以富民缮兵"。"且蜀，水通于楚，有巴之劲卒，浮大舸船以东向楚，楚地可得。得蜀则得楚，楚亡而天下并矣"。到李冰长大成人时，秦国已经进入秦昭王时代，这时他们已经取得蜀地许多年。公元前227年，秦昭王派年轻有为的李冰"为蜀郡守"。李冰赴蜀不为别的只为占领蜀，经营蜀，把蜀建成秦国稳固的后方基地，然后从这里出发进军天下、夺取天下，一直是秦国的战略决策。李冰此去，目的正是为秦国实现这一决策的。他没有辜负秦王和国家对他的一片厚望，李冰父子兴建的都江堰，使得蜀地"沃野千里，号为陆海。旱则引水浸润，雨则杜塞水门，水旱从人，不知饥馑。时无荒年，天下谓之天府也"。（《华阳国志·蜀志》）在这之后的统一大业中，为秦国提供了源源不断的物质支持。

而管仲，这位"治水治国"理论的提出者，更是这一理论的实践者，取得的业绩更为骄人。他在治水实践中，与大禹采用的是同一策略，认为"夫水之性，以高走下则疾"，所以治水应该因地制宜、因势利导。他把水分为干流、分支、季节河、人工河和湖泽五大类，根据它们的不同特性，采取不同的治理办法和工程设计。在他艰苦不懈的经营下，齐国的水利建设空前发达，各种水利设施星罗棋布、密如蛛网。水利的兴旺

发达，极大地丰富了物产，而物产的丰富，使得这个国家的国力空前提高。虽然我们没见过当时这个国家富强到何等程度，但是我们可以想象到它当时繁荣昌盛的景象。由于管仲做大做强的国策，使得齐桓公很快就"九合诸侯，一匡天下"，并在那个叫葵丘的地方大会诸侯，就连堂堂周天子都不得不派使者参加，一跃而成为"春秋五霸"中的第一霸。而管仲的"治水治国"理论，由于他在齐国的成功实践，不仅很快为当时人们所认同，更对后世产生了深远深刻的影响，为后世人们、特别是后世帝王所推崇。

说到帝王，首先要说的是中国第一个封建皇帝秦始皇。的确，翻遍史书，我们看不到秦始皇曾对管仲理论发表过任何赞同言论。但是这里有一个故事，说明他嘴上虽然没说，心里却是深受这一理论的影响和支配的。那时候秦始皇还不是皇，而叫秦王嬴政。秦王嬴政继位时，秦国已经空前强大，这种强大令它的邻国韩国深感威胁、寝食不安。后来韩国终于想出了一个解决问题的好办法。他们素知秦国"好兴事"，遂派了一名叫郑国的水利工作者，向嬴政陈说兴修水利的好处，说服他兴建一项沟通泾水和洛水的大型工程，"凿泾水自中山西邸瓠口为渠，并北山，东注洛，三百余里，欲以溉田"（《汉书·沟洫志》）。韩国的算盘是这样打的，这项工程一旦开工，将遇山"劈岭"、遇水"横绝"，漫长曲折三百余里，即使在当今也堪称规模浩大，必将牵制秦国举国的人、财、物力，使秦国无暇他顾而韩国得以保全。

特别是这项工作如果秦国弄不好，还有可能影响到社会生活的各个方面，造成整个社会的恶性运行，最终导致国家政治、经济全面崩溃。韩国的这种计谋，史称"疲秦之计"。而秦国原本就有重视水利的传统，早在秦昭王时代就兴修过闻名遐迩的都江堰，

加上郑国又将引泾入洛的好处说得天花乱坠，因此，嬴政很快便中计了，做出了破土动工的决定，并任命郑国为这项工程的总指挥。但这一诡计实施没几天便

郑国渠模型

"中作而觉"，不知怎么的被秦国发现了。也就是说，秦虽然中了韩的计，但是由于发现的早，这时候工程才刚刚开始没几天，他们得到了一个挽救的机会。但，这个故事最华彩的部分，就在这时候出现了。嬴政得知韩的阴谋勃然大怒，当即逮捕了阴谋的执行者郑国，并准备以"间谍罪"处以极刑。谁知道郑国在临刑时，不仅面不改色心不跳，反而理直气壮地说了这样一句话："始臣为间，然渠成亦秦之利也。臣为韩延数岁之命，而为秦建万世之功"（《汉书·沟洫志》）。我是个间谍，但工程对秦国却是极大的利好。我做的一切，只能让韩国再苟活几年，但是却为秦国打下了千秋万代的基业。我们要说，当史家论及秦始皇时，总是称他为暴君，他可能的确是暴君，但他同时又绝对是一个雄

才大略的战略家。郑国的话当然是对的，但正因为是对的，使得赢政面临了继位以来最重大的抉择——是把工程搞下去，还是把它停下来。要是搞下去，可进攻并夺取韩国的这个早已写进秦政日程的大事，势必就要被推迟。要是停下来，他这个耕战之国，又将失去农业经济的重要支撑。这是一个无比艰难的抉择，但是我们看到年轻的赢政没有丝毫犹豫和退缩，反而勇敢地选择了前者。他对郑国之言不仅"以为然"，还毅然同意了他的主张，"卒使就渠"，重新任命郑国为总指挥，将工程进行到底。秦是幸运的，它虽然中了韩的计，上天却赐予了他们一个识破的机会。但秦更是勇敢的，它虽然识破了韩的奸计，却又心甘情愿地接受了韩的奸计。赢政当然知道，他这么做意味着什么。它意味着至少在短期之内，他将无法得到韩国，但是这有什么呢？等到这个工程建成之后，等到秦国更加富强之时，得到的将是整个天下。事实证明，赢政的抉择是正确的、英明的，因为在他做出这一抉择几年后，"渠就，用注填之水，溉泽卤地四万馀顷，收皆亩一钟。于是关中为沃野，无凶年。秦以富强，卒并诸侯"（《史记·河渠书》）。郑国由间谍、敌人，变成了秦国的功臣，他主持的这一工程被命名为"郑国渠"。而赢政，更是一扫六合，从此成为中国历史上第一位皇帝——始皇帝。郑国渠则与都江堰一起，被后人誉为中国历史上兴建最早、效益最好的两大水利工程。

与秦始皇并称"秦皇汉武"的汉武帝，是中国历史上又一位大有作为的皇帝。众所周知，他在位期间推行了许多强有力的政治、军事措施，特别是在巩固边疆、开拓疆土上成就最为辉煌，使得汉王朝的势力一直扩张到河西走廊。但是很少有人知道，他同样也是一位信奉"治水治国"、致力水利事业的皇帝。

汉武帝，曾经专门颁发过号召兴修水利的召令，他在这个召令中开门见山道："农，天下之本也。泉流灌浸，所以育五谷也。"大意就是，农业是国家的根本，而水利又是农业的根本。在这一思想主导下，他始终力倡兴修水利，先后批准修建了著名的漕渠，将由黄河经渭河通向京师长安的漕运，由过去的耗时半年缩短到三个月；龙首渠，引水灌溉了万顷盐碱地，使之从过去的低产田变为高产田；六辅渠和白渠，配套了秦人留下的郑国渠，使之发挥了更加显著的作用和效益。其中龙首渠虽然因故坍塌报废，没有发挥多大效用，但在修建过程中因为大山阻断，施工者首创了隧洞竖井施工法，"乃凿井，深者四十余丈。往往为井，井下相通行水""井渠之生自此始"。这种方法不仅沿袭至今，而且推广到新疆地区，演变成当地的"坎儿井"，甚至一直远播到伊朗、伊拉克、叙利亚、阿富汗、巴基斯坦和俄罗斯。据不完全统计，黄河仅在汉代就先后决口四十多次。公元前 132 年，也就是汉武帝元光三年，黄河在河南濮阳瓠子一带再次决口，滚滚黄水破堤而出，夺淮河、泗水而入海，将豫东、鲁西南、皖北和苏北整个变成了一片泽国。汉武帝得知灾情，在第一时间即派人堵口。但是由于洪水汹涌，堵了又决。由于这次黄河是决口南

流，这期间，汉武帝的舅舅当朝丞相田蚡的封地在旧黄河以北，河水南流正好免除了他的水患，于是他对堵口不仅不赞成，反而再三劝说汉武帝："江河之决皆天事，未易以人力为强塞、塞之，未必应天。"而汉武帝由于不明真相，也就轻信了他的谗言，没再理会这个口子，这使得黄河水一直泛滥了二十三年。直到二十三年后，也就是公元前109年，汉武帝登泰山封禅，途经黄河时忽然想起来要到这个口子看一看，当他第一次真正站在洪水现场，才被眼前的情景震惊了。至于汉武帝看到了什么，我们当然不得而知，但是不知道也能想象得到。这位皇帝面对漫天黄水、满目疮痍、家园荒废和生灵涂炭，不由哽咽地唱出这样一首诗歌："我谓河伯兮何不仁，泛滥不止兮愁吾人……"这首诗歌名字就叫《瓠子歌》，这首诗歌传达给我们的信息是，这位皇帝在一阵目瞪口呆之后，内心是何等的痛苦和自责。当然，汉武帝不愧是敢做敢当的一代大帝，他在痛苦、自责之后，立刻明白了自己应该做些什么。他当即"沉白马玉璧于河"，表示与洪水决一死战的决心，然后下令身后随同的几万大军，就地由战斗部队转为工兵，自将军以下全部上堤堵口。为了以最快速度堵塞决口，他甚至亲自登上残堤，现场号令指挥。至少，在我有限的读史视野里，这位皇帝是历代帝王中第一位，也是唯一一位亲临治水最前线指挥作战的人。在他的指挥下，军民终于堵住了这个二十三年的大口子，令黄河水重归了它的故道。这次堵水成功，加上皇帝在治水上的身体力行，极大鼓舞了全国各级官员，"自是以后，用事者皆言水利"（《史记·河渠书》），在全国范围内掀起了一股兴修水利的热潮。朔方、西河、河西、酒泉诸郡，"皆引河及川谷以溉田"；关中一带又修了灵轵渠、成国渠；汝南郡、九江郡引淮水灌溉；东海郡引巨定泽灌溉；泰山郡引汶水灌溉。更小一些的水利工程更是数不胜数。使得汉武帝时代，一下子成为我国历史上水利发展的最重要时期之一。

管仲"治水治国"的理论思想，经过秦皇汉武的成功演绎，更加得到了人们的认同，自此以后历朝历代，差不多都将它定为基本国策。一方面历代帝王对水利更加重视；另一方面各朝代对水利的投入越来越大。不仅是人、财、物力的投入，更有心与智的倾注。这一点，仅从水利官员的地位变化便可见一斑。我们知道，设置专职水官，对水利工作进行专门管理，是从禹时代开始的。《尚书·尧典》载，"禹作司空，平水土。"等到了西周，司空一职已成为"三有司"之一，也就是中央主要行政管员，专门"修堤梁，通沟浍，行水潦，安水藏，以时决塞"。等到了西汉，司空前面又被加了个"大"字，称为大司空。虽然只多了一个字，声名却一下子响亮、显赫了许多，责任也一下子重大了许多。而到了东汉，更是将大司空与大司马、大司徒并称为"三公"，也就是相当于宰相的最高政府官员。我们可能都听说过一个词，叫"位列三公"，意思是一个人的权力和地位达到了顶峰，除了皇帝在他之上，其他人都在他之下。当然，东汉的大司空不是只管水利，其他的土木工程也归他管，但水利是他的主

要职责之一。直至明清时期，人们依然把工部尚书称为司空。一个管水利的官，竟然与管军事、管法制的官一同，位列了三公！可见水利在当时国家工作中的地位。

当我们谈到历史上杰出的皇帝时，都会提到"秦皇汉武"和"唐宗宋祖"。我们说完了秦皇汉武，接下来要说的就是唐太宗李世民。他对水利工作的最大贡献，就是不仅要干水利，而且要管水利。在他的时代推出了我国第一部系统的水利法典——《水部式》。第一次将水利纳入了法律范围，将水管理纳入了法制轨道。实际上，我国在关于水的法规建设上，起步很早。据《孟子·告子下》载，周文王曾经颁布过一道《伐崇令》，其中就有"毋填井"的条款，以军令形式禁止填塞水井。这很可能就是我们水法规的起始。之后，齐相管仲在他的《管子·度地》中，规定了水官的职责和奖惩。再之后，西汉还出现过两个有关水的专门法规，即倪宽的《水令》和召信臣的《均水约束》，都是关于灌溉用水的管理规章。据说，当时这两个规章还曾"刻石立于田畔"，以告诫人们节约、合理用水。关于水的立法起步较早，但法的产生和发展，取决于文明程度的进展，受文明程度的影响和制约。由于当时社会生产力低下，文明不彰，所以法规的制订也相应粗糙和简陋。直到唐代才有所改善，唐代是中华文明最为辉煌的时代之一，同时唐政权又特别重视法制建设，唐朝的执政者就曾再三强调"律令格式，为政之本"，甚至要求各级官员"仍以当司格令，书于厅事之壁，俯仰观瞻，使免遗忘"，文明彰显和领导重视，才终于催生了这部《水部式》。唐代主管水利工作的是工部，更确切地说是工部下设的水部司，而《水部式》顾名思义，就是水部司的应用法律。这部法律文字失传已久，我们现在能够看到的只是它的残卷。残卷共两千六百余字，内容有二十九个条款，涉及灌溉渠、堰、闸等工程和灌溉用水的管理，以及有关漕运、津梁、碾硙、渔捕等方面的规定。现在看来，这部法律在当时至少发挥了以下几方面的作用。首先是限制了豪强地主霸占土地、强占水源、兼并小农，维护和稳定了封建制度下的生产关系；然后是协调了有关各方的利益，调解、化解了许多水利纠纷；第三是科学、充分地利用了水资源；第四是协调了受益与出工，即谁受益谁负责水利设施的养护和维修，保证了水利工程的效益经久不衰。由于这部法律的系统性、完整性、成熟性和实用性，它不仅大大提高了唐代的水利管理水平，促进了唐代的水利事业发展、经济繁荣和社会稳定，更对其后的朝代产生了重大、深刻的影响，《水部式》的许多原则一直沿用至今。甚至，它的影响力远远辐射到了日本、朝鲜、越南等周边国家，其中日本的古代水法更是直接采用《水部式》。更重要的，它作为开先河的水法蓝本，直接催生了之后历代水利法规的产生，如宋代王安石的《农田水利约束》，金代的《河防令》，明代项忠的《水规》，以及《大清律》中的涉水条款等，使得水法规成为中华法系的一个重要组成部分。

　　一个理论正确与否，是要经过实践的检验和确认的。不仅要

有正面的，还要有反面的检验与验证。对于"治水治国"理论，最好的反面验证，莫过于元朝。元这个朝代，不知是因为来自游牧民族，对农业不够重视，还是因为它版图太大，想重视也顾不过来，反正它是中国历朝历代中，对治水最为漫不经心和敷衍搪塞的一个朝代。也不是不治，而是治得潦潦草草、马马虎虎。这种不负责任，直接导致了有元一代水害频发，绵延不绝。据史料记载，仅元末顺帝至正年间，短

花园口镇河铁犀

短二十多年里，黄河的决口、泛滥就达 13 次之多。特别是至正三年，也就是公元 1343 年，黄河在白茅口决口，呼啸吞没了济宁、单州、曹州、东明、钜野、郓城、虞城、砀山、金乡、鱼台、丰县、沛县、定陶、楚丘、武城、嘉祥、汶上等大片土地，造成"民老弱昏垫，壮者流离四方"（《元史·河渠志》），而且一直堵了漫长的七年都没堵上。一方面是大片土地变成泽国；另一方面在河北、河南、陕西、山西、山东、江苏、安徽更加广大的土地上，又发生了特大旱灾，有的地方甚至春夏连旱、数月无雨。持久的旱情又导致了更加可怕的蝗灾，蝗虫"所至蔽日，碍人马不能行，填沟堑尽平""食禾稼草木俱尽"。以至于涉及这一时期的历史记录，到处都是"民大饥""人相食""死无

算"这样触目惊心的字眼。就连后来明朝的开国皇帝朱元璋，也受尽了灾荒的摧残和蹂躏。他的老家濠州，也就是今天的安徽凤阳，不仅发生了特大旱灾，而且爆发了可怕的瘟疫，疫病漫延，死人无数。仅朱元璋一家，就有父亲、母亲和两个哥哥染病死亡，只撇下他和一个哥哥。这段悲惨的记忆，一直追随了朱元璋一生。直到他当上皇帝，为父母重修坟墓，立皇陵碑时，仍在亲手撰写的碑文中痛哭回忆："值天无雨，遗蝗腾翔。里人缺食，草木无粮。予亦何有，心惊若狂，乃与兄计，如何是常？兄云此去，各度凶荒。兄为我哭，我为兄伤。皇天白日，泣断心肠，兄弟异路，哀动遥苍……"而朱元璋一家的遭遇，仅是当时人民苦难生活的一个缩影。正是这深重的灾难，终于激化了社会矛盾，逼使苦难的人民揭竿而起。先是爆发了韩山童、刘福通领导的红巾军起义，接着各地农民起义应声而起，风起云涌，最终推翻了元朝统治。说到元朝灭亡的教训，很重要的一条就是，要想治好国，不治好水是不行的。

正因为如此，朱元璋对"治水治国"理念，有着非同寻常的认知和感同。所以，在明朝，对水利工作也尤为重视。他常说："国家无收则民少食，民少食则将变焉。变则天下盗起，虽王纲不约，致使强凌弱、众暴寡、豪杰生焉。自此或君移位，而民更生有之。"最终导致政权动摇、朝代变换的可怕结果。他将自己的治国心得撰成《祖训录》，要求子孙后代"时常观省，务在遵守"。其中特别、反复叮咛子孙的，就是水问题，"凡每岁

自春至秋，此数月尤当深忧，忧常在心，则民安国固。盖所忧者，惟望风雨以时，田禾丰稔，使民得遂其生。如风雨不时，则民不聊生，盗贼窃发，豪杰或乘隙而起，国势危矣"（《皇明祖训》）。简直可以说到了诚惶诚恐、战战兢兢的地步。为了治水，他多次要求全国地方官员，其他的都可以不报告，但只要是老百姓对水利工作的建议，必须在第一时间向他报告。他还委派全国最高级知识分子——国子监生，到各地"挂职""包村"督办水利。并给工部下了硬指标，全国用于蓄水、泄水的陂塘湖堰，都要一一修治。在他的督促下，仅洪武二十八年，也就是公元1395 年一年，全国便兴修堰塘四万多处，整治河道四千多处，整修陂渠堤岸五千多处。在这些水利设施的作用下，第二年也就是洪武二十九年，全国税粮收入就达到三万三千余石，比元代全国税粮收入增加了差不多两倍。以至于《明史》这样称赞道："是时宇内富庶，赋入盈羡，米粟自输京师百万石外，府县仓廪蓄积甚丰，至红腐不可食。"粮食已经多到了烂掉的程度。"岁歉，有司往往发粟赈贷，然后以闻。"过去各级官员需要层层禀报，然后才敢开仓赈灾，现在因为粮食多了胆子也大了起来，经常是先把粮食发放了，然后才向上边汇报。

清朝皇帝康熙，是中国封建历史上统治时间最长的皇帝，在位长达 61 年。而在这漫长的 61 年中，他为水利所呕沥的心血更是远远超过前人。他曾一再地说："听政以来，三藩及河务、漕运为三大事，夙夜廑念，曾书而悬之宫中柱上。"三藩就是吴三桂、尚可喜、耿仲明三股军阀割据势力，在当时已经成为清朝的心腹大患。漕运则是通过运河进行的南粮北调，关系着整个国家、特别是首都北京的粮食安全。康熙竟将水问题，与三藩、漕运并举，作为当时国家的头等大事，可见他的牵挂和重视程度。康熙在治水上，与一般皇帝最大的不同之处是，他不只是对治水作政策性指导，而且还亲自钻研水利理论和科学技术。长篇小说《康熙大帝》的作者二月河，因为创作需要长期收集有关康熙的史料文字，对康熙之人非常熟悉。据他说这位皇帝不仅在政治、军事上有雄才大略，对科学技术也十分热衷、涉猎广泛，而且常有各种各样的小实验小发明，好像还曾经培育出优质水稻品种，并成功地在自己的园圃中进行了三季水稻的试验，而当时中国的水稻最多只能一年种两季。总之，康熙不仅是个治国专家，同时也是个不多见的通才。他在水科学、水技术方面，也同样表现出某种热情和

题榜刻石康熙御书之宝——砥柱河津

才华。他虚心好学，精通水利测量。一次他巡视到江苏高邮，竟然亲自测量出运河水位高出高邮湖水四尺八寸，指示河道总督于成龙"湖水似不能越此堤而入运河。这段工程甚属紧要，应着差贤能官员作速查验修筑。"接着往前走来到扬州，又测出运河

水位高出运西诸湖一尺三寸九分，指示官员："应加紧建造湖之石堤。"当然这只是细节，但有俗话道"于细微处见精神"，由此我们可见他在治水上下了多么大的功夫和力气。说到视察，这位皇帝在治水上的又一与众不同之处，就是从不只是坐在金銮殿里听汇报、作指示，而总是亲赴现场实地考察，力争掌握第一手材料，哪怕千里万里也要在所不辞。他当政期间，先后六次南巡，视察黄河、淮河和运河的治理工作。为了把黄河的事情彻底弄明白，他除了多次视察下游的孟津、徐州、宿迁、邳州和清口等地，还扬帆远上，直达中游的山西、陕西、内蒙古、宁夏等地，历时二十二天，行程数千里，"所至之处，无不详视"。他每次出巡，除了了解水情水况，同时还特别注意考察水利官员。康熙三十八年，他第三次南巡，发现江北堤防有一段修筑质量非常好，当即叫来施工官员并给他一支令箭，让他找河道总督于成龙汇报修筑方法，并指示于成龙予以重奖："此等官员不奖励，何以服众？"康熙四十六年，他最后一次南巡时，在苏北曹家庙行宫召见地方水官。他问一个叫张鹏翮的负责官员："你奏请开溜淮套河，现在你给朕说说你的想法。"张鹏翮说："皇上爱民如子，不惜百万帑金，拯救群生，黎民皆颂圣恩。"他一听便气不打一处来，说"朕在问你河工事务，你跟我说这些废话干什么。做文章可以敷衍成篇，论政事怎能信口开河。现在这么多官员都在这里，你给朕把开不开的道理当面讲出来。"张鹏翮仍然一味地阿谀奉承："我原来看到前人图样，觉得该开。后来又觉得事情重大。现在请皇上来，就是请皇上亲定开不开呀。"他闻言怒不可遏，拍案斥责道："命你负责河工事务，你竟如此漫不经心，安居署中两三月不一出，惟以虚文为事，语多欺诳。"当场下令将这个渎职官员就地免职。康熙治水，真可谓倾注毕生精力，一直到晚年，他还亲自主持了浑河的治理工作。浑河即现今的永定河，它挟带上游黄土高原的大量泥沙滚滚而下，经常在下游造成河道淤塞、河水泛滥。康熙为了根治这条害河，亲上河堤，测量出河床已高出堤外地面，得出此河已成悬河，是造成水害的主要原因。之后他又亲调大量民夫，历时数年开凿出一条长达二百多里的新河道，使得浑河之水分流下泄，浑河终于出现"从此安流，水害不作"的和平景象。"永定河"，这个名字据说就是康熙亲取的，"永定"二字，很可能就是这位帝王毕生愿望的真情流露。

继康熙之后，乾隆皇帝是清王朝又一位有作有为，特别是在水治理上大有作为的君主。实际上，乾隆面临的水问题，比康熙更加严峻和紧迫，他继位之初便值流年不利，水患特别的多。河南、湖北、广东大水频发，陕西、甘肃、云贵干旱不断，江苏、浙江常受海潮威胁，河北、山东、安徽和苏北又水旱交加。这一切，都使他感觉到貌似稳固的统治背后，实则隐藏着越来越严重的危机。而这一危机如不尽快解决，很可能就会动摇他的统治地位。因此，对于治水，他比康熙更加重视，心情也更加迫切。治水，特别是在当时，最需要的是专业人才，但当时选官实行的是

科举制、考试的是八股文，因此使得工程技术人员极为缺少，"通晓河务之大员"尤为难得。这令乾隆每日忧心如焚、寝食难安。那一时期他干的主要事情，就是四处选拔水利人才。每当访到这样的人才，便喜不自禁，如获至宝。浙江按察使完颜伟，熟悉浙江海塘事务，主持兴建过当地著名的尖山海塘，乾隆听说后，当即将他提升为江南河道总督。河南布政使朱定元，曾经在浙江任过海防官员，对水利问题有一定的心得，乾隆得知后，虽然没有立即提拔他，但却立即派人传谕给他，郑重嘱咐他一定要"将疏浚保护之法，加意讲求，以备将来之任使"。也就是说治水这个特长一定不能丢，将来国家会有大用。上述两例，当然都不是专业人才，只是在治水方面有些经验，不过在那时就已算是十分难得。因为求贤若渴，乾隆甚至特别规定，凡是担任过河务官员，或者熟悉治水业务的官员，都应在履历表中加以注明，这些人可以得到优先提拔和使用。我们在读史的时候并没有发现，乾隆的选拔方式有什么重大成果，在他那个时代，并没有涌现出十分出类拔萃的水利人才。但是在读史中我们发现，乾隆的这种做法，鼓舞了更多官员重视水利、研究水利、热心水利、献身水利，极大促进了当时水利事业的发展。就像康熙一样，乾隆在位期间，也多次出游、巡视全国。虽然他的出游，特别是他的六下江南，带有很大的游山玩水性质。但他在游玩途中，从未忘记关心水利工作，沿途只要有重大水利设施，无不亲临现场考察调研，并与负责官员共同讨论、探求治理办法。他除了自己调查研究，还把最亲信的大臣派往重要河流和流域，比如派大学士鄂尔泰到全国各个重要水利工地，派户部侍郎赵殿最勘察卫河和运河山东段，派钦天监正明图勘察拒马河，派都统新柱和四川总督会勘金沙江，派大学士高斌和左都御史刘统勋勘察山东河道，派大学士讷亲勘察江浙海塘等，为水利决策和大规模水利活动提供了大量第一手资料，打下了坚实的基础。在调查研究的基础上，乾隆在他的时代还主持了多项重大水治理工程，如黄河和淮河治理工程、运河疏浚工程、永定河治理工程、直隶地区大规模打井灌溉工程等，其中仅对永定河的较大规模的治理就达十七次之多，直隶地区仅保定府和顺天府，就各完成打井两千多口。这一系列大型工程，使得水治理工作在他的时代又上了一个新台阶。尽管付出了如此巨大的努力，并取得了很好成效，但乾隆对于水问题，仍然就像俗话常说的，"念念有如临敌日，心心常似过桥时"，一刻也没有松懈过。他几乎每天都在对大臣们念叨着，而今人口越来越多，吃饭问题越来越突出，万一遇到水旱灾害，怎么办呢？我们君臣若不及早筹划，后果不堪设想啊！正是他的这种居安思危和未雨绸缪意识，使得乾隆时代在整个清代，水患虽然是较多、较频的，但是水患不仅没有伤害到这个时代，反而使得这个时代更加繁荣昌盛。

当然，我们在这里必须指出，"治水治国"只是帝王将相的统治方略，而真正的治水大业是由人民完成的，是千千万万的人民，书写了我们的水历史，创造了我们的水文明，兴建了我们的

水利工程，发展了我们的水利技术。所以，在水利史中，令人感动最深的，还应该是那些献身水利事业的普通人。

姜师度，唐代一个地方官员，一生大部分时间都在地方任职。他虽是官员，却并不是专职水官，并不负责水事务，但他无比热爱水事业，自觉自愿、心甘情愿地，把一生都奉献给了水利建设，他不论到哪里做官，"好兴做""所在必发众穿凿"（《旧唐书》），干的第一件事都是为当地兴建水利设施，真可以说是官当到哪里，就把水利事业干到哪里。他任易州刺史，在那里重开了三国曹操时期留下的平虏渠，给了废渠第二次生命。他任陕州刺史，在那里开凿了用以排洪的敷水渠，为当地百姓免除了洪涝灾害。他任河中府尹，在那里开沟引水、注入盐池，使那里干涸多年的盐池重现生机，昔日的盐业重镇重新恢复了往日繁华。他任同州刺史时，已经是古稀之年了，按理说应该歇歇了，但他仍然老骥伏枥、壮心不已，在那里重新整治了早已废弃的通灵陂，将那里的两千顷薄地改造成能种水稻的上等良田，"收获万计"。开沟凿渠，又称"穿地"。正因为他对水利事业的执着，他死后百姓中流传起这样一句话，叫"两眼看天傅孝忠，一心穿地姜师度"。

郭守敬和徐光启，是不同时代的科学家，但他们有一个共同点，就是都为水科学做出了巨大贡献。郭守敬生活的元代，是个不大重视水利的时代，但他却在那样一个时代里，潜心学习数学、地理和水利，不到二十岁时，就利用所学知识，为家乡邢台主持疏浚了一条河道，初显了在工程设计和施工方面的过人才华。郭守敬三十一岁时，祖父的好友中书左丞张文谦，向元世祖忽必烈推荐他主持水利工作。他就是在这个位置上，建议和动员忽必烈，重修了京杭大运河，兴修了引黄、引沁、引漳、引沙、引浑等一系列大型水利工程，实施了规模宏大的"四海测量"计划。我们都知道的"海拔"这个词，也就是以海平面作为地形测量的基准点的绝对高程，就是由他首先提出了的。这个专业术语，至今还被人们沿用着。徐光启被称为明代杰出科学家，实际上他最突出的科学贡献，正是对农业和水利的贡献。而他对水利的最大贡献，一个是编著了我国最早介绍西方水科技的书——《泰西水法》，在这部共计六卷的书里，第一次向国人系统介绍了西方近代的水利科学技术，为我们打开了一扇借鉴和吸收西方先进科学技术的窗口；再一个就是编著了农业科学巨著——《农政全书》，书中涉及水利的部分共九卷，从水利总论，到各地区、各流域水利论，利用多种自然水体的工程方法，水力机械图谱，西方水利技术介绍，林林总总、无所不包，差不多总结了当时水利科技的全部成就，对我国水利事业乃至整个农业起到了至关重大的影响。

在历史上，同样具有传奇色彩的，还有一位平民治水英雄，叫郭大昌，乾隆年间人。这个郭大昌，几乎没有什么文化，也没有当过一官半职，但是对"水"字却有着独特、奇异的领悟能力，是个民间治水土专家，当时黄、淮、运的所有治理活动，几

乎都离不开他。时任河库道的嘉谟，对郭大昌的治水才能十分器重，凡治水之事无不与他商量。后来嘉谟升任漕运总督，甚至想把他带走。当时黄、淮正值多事之秋，完全是在淮扬道的力争下，嘉谟才满怀遗憾地放弃了这一打算。郭大昌为人正直刚烈，由他主持的工费预算，常常因为太接近实际需要，令治河官吏难以贪污肥己。这里有一个故事。有一年黄河决口，当时的江南河道总督吴嗣爵聘请郭大昌主持堵口。负责施工的官员，报请的工费是白银一百二十万两。吴嗣爵是个著名的贪官污吏，但是就连这个贪官污吏也觉得报得太多了，问郭大昌能不能减少一半。没想到郭大昌说，再减一半我也能把活儿拿下。吴嗣爵说那太少了吧。郭大昌竟直截了当地说，十五万两用来堵口，十五万两你和其他当官的瓜分，十五万两你们还嫌少吗？正因为如此，对于这个郭大昌，很多官员虽然离不开他，却在心底里却都对他又厌又恨。但尽管又厌又恨，情况紧急、万不得已时，还是不得不求助于他。吴嗣爵就是最好的例子。乾隆三十九年黄河在老坝口决口，一夜之间口子被撕宽一百多丈，淮安、宝应、高邮、扬州等受灾地区，官民争相上屋上树、躲避洪水。手足无措的吴嗣爵，尽管刚刚在上一次堵口中与郭反目，还是硬着头皮几上郭门，低三下四地赔礼道歉，请他出来主持堵口。郭大昌说要我堵可以，但你只能派文武官员各一人到场，负责工地的秩序维持，其他官员一律不得在场碍手碍脚，所需的工料也要由我自己决定，随时调取，任何官员不得过问、干涉。火烧眉毛的吴嗣爵，不仅连如此苛刻的条件都答应了，而且索性连公章都交给了他，并命令库房，只要是郭大昌批条，不管要什么料物随要随给，要多少给多少。

在我们国家漫长悠久的水历史上，投身、献身水利事业的平民百姓，何止一个郭大昌。光我们知道的名字，就还有开凿郑国渠的郑国，修建木兰陂的钱四娘，著名的汶上老人白英，著名的"开渠大王"王同春……而实际上那些无名无姓的平民英雄，数不胜数。

所以，纵观中国发展史，不治水，是很难谈得上治好国的。而国家繁荣、国力强盛，反过来也往往是水利事业发展最好最快的时期。

第 **2** 章

直挂云帆——因水而兴的河南

▶ **提要**

　　黄河被称为中华民族的摇篮，河南因地处黄河冲积平原，也因水而兴。只是，这份荣耀得来非常不容易。是经过艰难曲折的治水历程，经过多少代人的不懈努力，才让中原傲然于世。在史前的神话传说——女娲补天的故事里，治水首开中华民族文明史的第一页，共工、鲧在经历多次失败和付出血的代价后，三过家门而不入的大禹终获成功，使先祖们终于在中原站稳了脚跟。春秋列国，谁发展水利，谁就称雄。秦因郑国渠而国力强盛，吞并六国；汉因发展水利，有了文景之治；曹魏因发展水利，先拥中原，后灭蜀、吴；唐朝李世民立法治水，有了贞观之治；宋朝定都开封，朝野争相为治水献计献策，终使中原成为当时世界的政治经济中心。

老子说：上善若水。这里的"上善"即作至善、尽善讲，整句话的意思就是说，最高境界的善行就像水的品性一样。那么水又有什么品性呢？那就是"水善利万物而不争，处众人之所恶"。它使万物得到它的滋养，享受它的恩泽，却又不与万物争利；它宣泄自身的洪大遭人厌恶而能坦然处之。所以老子才说天下最大的善性莫如水。能达到尽善尽美的境界者就近乎圣人了。

水是万物之灵。人本身须要饮用水，与人生存的环境需要水，与人相关的食物链需要水，甚至包括生活方面的洗洗涮涮等，都离不开水。完全可以说万物之本，均源于水。从来没一样东西，像水一样和人联系得如此紧密。从来没有一样东西，像水一样对人类乃至世界奉献如此之多。"感恩"是时下很热的一个词，真要讲感恩，每个人都要对水抱有一颗真诚的感恩之心。水，真的是善莫大焉。

在生产力极其低下的古代，逐水而居，既是人类的天性喜爱，也是必然的选择。四大文明古国，印度选择恒河，埃及选择尼罗河，古巴比伦选择幼发拉底河，中华民族选择了黄河，而且把文化发源地宿命地定位在了一片后来被称为"豫"的地方。也可以说，是水孕育了人类最早文明。这四条大河，都被尊崇地

称为各自民族的母亲河。翻开厚重的中华民族发展史，在远古时期，"豫"这里一望无垠，森林茂密，水草丰美，大量的水獐、竹鼠、野猪、大象等动物出没其间，这样的自然环境十分有利于动植物的繁衍生长和农、林、牧、渔业的发展。在安阳洹水沿岸七公里的地段里，便考古发现了十九处原始村落遗址。村落密集，反过来印证了这方土地非常"养人"。人类始祖走出洞穴，开辟人类文明新纪元的时候选中这里不是偶然的。

水，也有它的两面性，不但有风平浪静，也有浊浪排空。与其他三个文明古国不同，"豫"这片土地的上空，不仅有艳阳高照，更有电闪雷鸣、洪水泛滥。始祖们能不能在"豫"这块宝地上繁衍生息，首先要看能不能过了滔滔洪水这一关。

实际上，翻开史书，远溯到史前传说时代，黄种人就是在洪水中被创造出来的。在鲁迅的小说《补天》里，说女娲是在抗击洪水的间隙，创造了人类。同样的大水难，在《创世纪》里也有记载，诺亚方舟就是为躲避洪水的灭顶之灾而制造出来的。或许，无论东方、西方，在天地混沌初开之时，洪水泛滥都是家常便饭的事。日夜挣扎在对洪水恐惧之中的无助的人们，能有女娲这样制天息洪的英雄作寄托，当然最符合人们心底的期盼。传说中，女娲面对的是这样的形势："四极废"，天不但倾倒，而且，漏了很多的洞，"汤汤洪水滔天""水浩洋而不息"。已做好创造人类准备的女娲，当然不情愿让她的孩子们出生在这样一个几乎无法维持生存的恶劣环境里。她不顾形单影只，不等不靠，不怨天尤人，决心炼石补天。她是个追求完美的人，不但要把天补上，而且，要让天空五彩缤纷，比原来还要漂亮。她不怕麻烦，不辞辛苦，周游四海，遍涉群山，功夫不负有心人，最后终于找到土为五色的天台山。天台山是东海上五座仙山之一，仙山由神鳌用背驮着，以防沉入海底。原料找到了，并不能直接使用，也许是像后世人们烧制陶瓷，女娲又在天台山顶堆巨石为炉，又借来太阳神火，历时九天九夜，炼就五色石 36501 块。然后又历时九天九夜，用 36500 块五彩石将天补上。天是补好了，可天的倾斜问题没有解决，随时还会有倾覆的危险。女娲顾不上抹一把额头的汗水，又四处寻找支撑四极的柱子，天倾斜的更加厉害，似乎马上就要塌下来，情急之下，女娲只好将背负天台山之神鳌的四只足砍下来支撑四极。天台山少了神鳌的负载，眼见沉入海底，于是女娲用手掌托着将天台山移到东海之滨的琅琊。神话和现实只有联系在一起，才会更有可信度。如果你去旅游，今天的天台山上，仍然留有女娲补天台，补天台下有被斩了足的神鳌和补天剩下的五彩石——后人称之为太阳神石。女娲既要寻找原料，又要砌炉冶炼；既要补天漏，又要防天塌。而这巨大工程量，要全扛在她一个人羸弱的肩上，其艰难可想而知。她的伟大感天动地，最后漫天飘动的彩云和绚丽无比的彩虹，就是献给她的最好的礼物和致敬。女娲，在人类没有诞生前，就先言传身教地做出了榜样。

　　传说终归是传说，现实中和洪水的抗争绝没有这样浪漫和唯

美，完全是靠一步一步艰难地摸索出来的，学费甚至就是生命的付出。

洪水的边际，总是受制于高坎。也正是受"天然堤"现象的启示，在古人的脑海里才产生了"兵来将挡，水来土掩"的概念。古代关于共工氏"壅防百川"（《国语·周语下》）和"鲧障洪水"（《国语·鲁语下》）的历史传说，正是这种防洪方式的描述和写照。作为高瞻远瞩的首领的尧，自然更能清醒地意识到这一点。治水在那时毫无疑问要被摆到生死攸关的重要议事日程上。甚至，只能当成第一要务。经过他精心考察和大家推荐，共工被任命为第一位有史可考的治水领军人。据说，共工氏族就住在河南的辉县一带。当时，黄河河道是出孟津流向东北，

壶口瀑布

从天津附近入海。在孟津以上，黄河水像一条巨龙，以气吞山河之势，穿越腾格尔沙漠和黄土高原，蜿蜒高山峡谷之中。孟津以下，早憋足劲的它"咆哮一声出龙门"，奔腾于广袤的平原之上，无拘无束，肆意游荡。黄河河道完全由着性子在这里滚来滚去，使得人们常常由丰收在望的喜悦，转眼变成颗粒无收的沮丧。躲不及，人也会被洪水席卷而去，瞬间性命消失在浊浪翻滚的波涛中，连最后一声呼救也来不及从喉咙里发出。共工当时所

做，就是"土掩"。把高处山坡上的泥土、石块搬下来，沿河修一些土石堤坝，用来抵挡洪水的侵袭。在洪水不那么大，亦或洪水强弩之末之地，共工取得了一定的成功。因为这个原因，才被推荐和选中。共工踌躇满志，宣誓带队出征。他不辞劳苦，根据以往经验昼夜筑堤。所有民众紧衣缩食，给予大力支持。平水年份，洪水可用土堤阻挡，遇到上游暴雨连天，河水猛涨，土堤怎可阻挡？堤决流急，犹万马奔腾，不但田地尽淹，还进而摧毁房屋。危害比无堤来的更为猛烈，损失还要更巨。同时，共工还有意无意中造成了"振滔（振荡）洪水，以薄（迫）空桑"（《淮南子·本经篇》）的局面。就是把原本泄到自己领地的洪水，给挡到别人家去。空桑在今山东省曲阜县南。共工所为有点以邻为壑的意思。在下游百姓"劈除民害逐共工"的强烈要求下，尧也只能忍痛割爱，点头接受民意。共工沮丧万分地离职，独自孤独失落地回了原来的部落，从此不知所终。

历史的车轮不会因哪一个人而停下来，治水仍要继续。尧紧急召集部落首领召开联盟会议，会商的结果，是"尧听四岳，用鲧治水"，命鲧取代共工，继续率领治水大业。

鲧是禹的父亲，是居住在崇（今河南嵩山）一带部落联盟的首领。上阵父子兵，他不假思索地就把禹带在身边，有意让他列席会议，参与决策，这也让后人敬佩的大禹得到了切身的锻炼。临危受命，鲧显然是立有军令状的，他急于消除人们对生命的担忧，选择的治水思路是"障""筑城以卫君，造郭以守民"，

即把修建堤防与筑城结合起来抵御洪水，把被动守护家园当成全部。想想，以当时的生产力和技术条件，"城"也只能简陋不堪。大约在公元前21世纪，黄河流域连续出现特大洪水。"汤汤洪水方割，荡荡怀山襄陵，浩浩滔天，下民其咨"（《尚书·尧典》）。鲧被动防御，只能处处险情，失败在所难免。连续的失败使得一向宽怀大度的尧大怒，将其"诛于羽山"。有一部描写这段历史的资料片，镜头上鲧行刑前，瞩望着禹，默默不语，一直到头颅滚落，都没有开口。鲧的妻子从丈夫的眼神里，读到的意思是要她带着儿子回部落，永远不要再参加治水，以免落个像自己一样的下场。父亲的突然罹难，使禹一下子成熟起来。禹读到的是不甘，事业未竟身先死。尧不愧是被圣人推崇的人，虽然年近古稀，但仍能虚怀若谷地听取大家的意见和建议。他欣然接受舜的举荐，任命鲧的儿子禹继续担任治水的主帅，并自责地把盟主的位置禅让给了舜。禹没有听母亲的苦苦劝告，在新婚妻子的支持下，毅然在舜信任而坚定的目光注视下，接过了治水的权杖，并将它高高举起。他决心通过制服洪水，来告慰父亲，挽回部落的荣誉。他不轻易否定共工和父亲，认为这是治水漫漫长途上人们必须付出的代价，是大胆而有益的尝试。所以，年轻气盛的他，组建班子时，非但没有搞一朝天子一朝臣，反而让鞍前马后协助父亲治水的伯益和后稷继续辅佐自己。他在人们的质疑声中，又亲自登门请来了共工氏的后代四岳做副手。关门研讨的结果是在肯定共工的"堤"和鲧的"城"的基础上，又开辟了

"疏"的新思路。"高高下下，疏川导滞；钟水丰物，封崇九山"（《国语·周语下》）。即利用水向低处流的自然趋势，顺地形把壅塞的河道疏通，让洪水有出路，然后"合通四海"。禹决心通过综合治理，来收服洪水。为了全民动员，他还向舜要来了前所未有的权力，即在治水的号令之下，必须人人听命，以此举全国之力。舜义无反顾地答应了他。这样，治水指挥部不但有了近似国家的架构，也在实际上拥有了国家的权力。治水成功与否，已是关乎联盟存亡的头等大事。作为部落首领和最高水官的禹，不但要大家干，自己也"身执耒，以为民先"，"居外十三年，过家门不敢入"（《史记·夏本记》）。他还注重科学治水，"左准绳，右规矩""行山栞木"（《史记·夏本记》），用原始的测量办法，定高山大川；用火烧的办法，使岩石疏松，然后，撬石开道，让行洪通畅。大哉禹，身

大禹雕像

先士卒，群策群力，既善于总结先人经验，又在继承的基础上注意创新思路，经过艰苦卓绝的拼搏，终获治水大成，开辟了人类历史上的新纪元。

经过大禹之手，黄河的新模样是："导河积石，至于龙门，南至于华阴，东至于砥柱。又东至于孟津，东过洛汭，至于大伾；北过降水，至于大陆，又北播为九河，同为逆河，入于大海。"禹还把部分洪水引入低洼地，并"陂障九泽"，筑堤打坝，不让洪水外溢。经过这些措施，使"九川涤原"，让九州的河流不再壅塞，渍水不再横溢，百姓安居乐业，农桑兴旺，水草丰美，大象悠闲地带着边走边嬉戏的小象从辛勤耕作的人们身边走过。禹本身也得到了巨大回报，舜念其功，把最高领袖的位置禅让给了他。

如果没有治水实践，由原始社会过渡到奴隶社会还需要多久，也许，只有温顺许多的黄河能说得准。

河南土地肥沃，《尚书·禹贡》里把其称为"壤"，《周礼·职方氏》中更进一步指出，豫州"谷宜五种"，是发展农耕的好地方。农业文明的进步，离不开水利的发展。但真正让人们不再必须"逐水而居"的人，是跟着大禹治水并立下汗马功劳的伯益。

伯益发明了掘井技术。《吕氏春秋·勿躬篇》称："伯益作井"。《淮南子·本经训》说："伯益作井，而龙登玄云，神栖昆仑"。伯益"掘井"，起初应是无意之举。《孟子》及《史记·秦本纪》记载：伯益在河边附近挖土筑堤。水边地下水位高，容易见水。当他第一次挖掘到地下水的时候，非常惊骇和诧异：天上既未下雨，无从来水，地上与河不通，也无从来水，这水究竟从何而来，他百思不得其解，以为是神异所致。久而久之，他发现不仅今天挖土可以见水，平时挖土都可以见水。近河可以挖出水，离河远只要深挖同样可以见水。他是个善于思考的人，渐渐领悟到地下有水的道理。

远古的人们选择居住地，生存为出发点，不像时下是为了提高生活质量和浪漫情怀竞相"逐水而居"。因为，没有气象手段和更有效的逃生手段，住在河边异常凶险，住所被冲坏，用具被淹没，人畜有伤亡。如果洪水在深夜来临或突如其来，还会遭灭顶之灾。"逐水而居"是无奈选择，在解决不了人们生活用水的条件下，居住地也只能被限制在湖泊或河流附近了。但只有能在水涨不到的地方定居下来，才称得上真正意义的安居乐业。还有，虽然筑了城，如果没有井，是很难让更多人在城里生活下去的。伯益掘井，不但改变了人们的生活方式，更让远离河湖的土地可以开垦，使得种植农桑、喂养家畜，成为可能。也因此，先祖的农桑种植规模，开始伴随着人口数量的不断增加，而不断扩展。伯益，理应是继大禹之后又一位值得让人们敬仰的划时代的伟人。仰韶村的取排水遗迹和龙山文化的凿井技术都说明，当时在大禹的带领下，人们已经对水由避害开始趋利了。

从原始社会到奴隶社会，是人类社会的一大进步，相应生产力也得到进一步解放。大约早在夏商，人们就已经注意到引水灌溉的问题。到了春秋时期，更是有了河南境内最早的渠系工程——期思雩娄灌区。该工程位于现在固始县境内的史河，是由

当时的楚国令尹孙叔敖于公元前 605 年兴建的，这也是我国最早的大型引水灌溉工程。

孙叔敖是得到一代伟人毛泽东赞誉的古代治水人物。春秋时期，随着铁农具和牛耕的出现，耕作面积逐年扩大，水利灌溉的问题便提到人们的议事日程上。当时，修堤、开渠、蓄水、疏通河道，便成了农业生产的当务之急。期思，西周时为蒋国故城，是周公儿子的封邑。到了春秋时代，其地入楚，改为期思邑。至今，期思古城遗址在田野上依然可见。古城西郊，有一个"埋蛇岭"，传说是孙叔敖幼年时代杀死和埋葬两头蛇的地方。楚相祠遗址就在现期思乡政府院内。《荀子·非相篇》讲："楚之孙叔敖，期思之鄙人（城郊人）也，突秃长左（秃头跛脚）。"《淮南子·人间训》也说："孙叔敖决期思之水，而灌雩娄之野，

楚相遗风　孙叔敖雕像

庄王知其可以为令尹也。"《太平御览》明确记载："楚相作期思陂，灌雩娄之野。"雩娄即今商城县一带，属于山地丘陵，孙叔敖如何能"决期思之水，而灌雩娄之野"呢？难道当时就有什么提灌设备不成？这桩水利史疑案从来没有人认真考证过。其实，期思陂不是某一项水利工程，而是一

种解决上游地区干旱和下游地区水涝问题的水利系统工程。孙叔敖倡导在古期思上游地区雩娄一带修筑众多的沟、塘、陂、堰，这样既解决了下游水患问题，又能在上游蓄水防旱，这种系统工程的治水方略，和现在上游搞水保、修建水库，削减洪峰，确保下游安澜有相通之处。据明代嘉靖《固始县志》记载，仅固始县境内就有陂塘、湖港、沟堰达 932 处，"盖肇自楚之孙公"。孙叔敖被楚庄王任命为令尹，其地位和权力相当于后来的宰相，可见他所受到的重视程度。当然他的最大长处依然在水利上，又主持修建了可以"灌田万顷"的芍陂。期思——雩娄工程建设也更加完善，使固始县被羡称为"百里不求天"的地方，大大增强了楚国的实力，使得楚国在群雄环伺中敢于挺直腰杆，在与当时最大的军事强国晋国的决战中，一举将其击败，跻身为"春秋五霸"之一。

春秋战国时期为漕运而开挖的鸿沟也是当之无愧的水工程。《竹书纪年》记载：公元前 361 年魏国迁都大梁（今河南开封），次年即开挖鸿沟。鸿沟北通黄河，南面与淮河支流相接。它第一次沟通了黄河与淮河的联系，使黄河与淮河间构成了一个通航水道。鸿沟从黄河荥泽引水入圃田泽，然后从圃田泽开大沟东至大梁。魏又将鸿沟挖到大梁北郊，以行圃田之水。鸿沟开浚后，一来与黄河直接相通，引来黄河丰富的水源；二来大量的来水汇入圃田泽，以圃田作为运河的天然调节水库与沉沙池，改善了航运条件。司马迁这样概括鸿沟的作用："荥阳以下引河东南为鸿

沟。以通宋、郑、陈、蔡、曹、卫与济、汝、淮、泗会。"同时，漕粮聚集敖仓，成为秦国的重要供应保障。在楚汉相争时，郦食其曾对刘邦说："夫敖仓，天下转输久矣，臣闻其下仍有藏粟甚多。楚人拔荥阳，不坚守敖仓，乃引而东，令谪卒，分守成皋，此乃天所以资汉也……愿足下急复进兵，收取荥阳，据敖仓之粟……"（《资治通鉴》卷十）。刘邦听其言，占据了敖仓，从而控制了战略要地。细想楚汉相争，刘邦能笑到最后，恐怕也与此有着巨大关系吧。

三国的历史知识是因一个名叫罗贯中的秀才而得到普及的。读《三国演义》几乎不用让脑子转圈，就能体会到罗贯中站在谁的立场上，在偏向着谁说话。但不管罗贯中用生花妙笔把诸葛亮和刘备麾下的五虎将描写得怎样出神入化，把赤壁大战描绘得怎样波澜壮阔，把六出祁山描述得怎样像在做一场猫玩老鼠的游戏，但罗贯中最终在三国谁笑到最后的关键点上，还是无可奈何，只能让落花随流水去。史学家论及曹操的成功，多归结于曹操"挟天子，以令诸侯"政治上的棋先一着。即动辄拿天子说事，给别人随心所欲地扣上一顶"逆臣"的大帽子，让人先在道德层面上站不住脚。他呢？则可以名正言顺地"奉旨讨贼"。这在政治上，的确要主动得多。但这不是根本问题，汉献帝在他之前，前后在多个野心家那里转过手，而曹操的这一手，放在谁身上都会用，且也都使过，但最终成功立起来的，只有曹操。若论本事，曹操、刘备、孙权在伯仲之间，若哪一个太弱，也根本玩不起来。那么，魏国凭什么就能强起来了？根本原因在地利——拥有中原。公元 196 年曹操先是奉迎汉献帝，从洛阳迁都于许昌，后又把自己的政治活动中心建在了邺（今河南安阳与河北临漳县交界处），再后来被封魏王，这里就成了一座坚固的王城。身在许昌心在邺都，曹操的核心根据地，就在黄河两岸的中原。中原有明显优势：农业生产发达，这是不言而喻的。人口优势：蜀只有人口九十四万，吴多一点只有二百三十万，魏比蜀、吴加起来还多得多：四百四十三万。人口多，意味着兵多。人才优势：中土文风盛。曹操掉在人才窝里，又注意延揽人才，人才济济的局面很容易形成。退一万步讲，除非众叛亲离，怎样都不会混到"蜀中无大将，廖化为先锋"的地步。冷兵器时代，一个国家的综合国力，在相当大的程度上直接取决于该国的国土面积和人口数量。曹操占着"好地"又重视把地种好，为解决连年征战军粮不足的问题，"苦军食不足"，大规模进行军屯。他的前营、后营、大营、小营，以及许昌的九营十八站都是军屯所在地。曹操当年来此现场办公的议事台和视察的望田台，至今仍有迹可寻。为提高产量，他利用军队人多体壮容易突击的优势，积极兴修水利工程，在今临颍县修渠，北引颍河之水，灌溉大片耕地后退水流入玛瑙河。灌沟渠系整齐，设有闸门，灌排分设，相当科学。仅在颍河流域就"大治渚陂于颍南、颍北，穿渠三百余里，灌田数万顷"。曹操在搞屯田和水利建设的同时，还积极开发漕运，许昌西南经南屯的运粮河，北起清潩河，南接

颍河，直抵淮北，是当时主要的漕运通道，各县和京都许昌都有运河相通。

屯田成效显著，每年"得谷百万斛"。数年间，"所在积谷，仓廪皆满"。

和曹氏搞接力赛的司马懿，是被曹操用刀架在脖子上逼着才出来做官的，而恰恰，曹氏的龙脉也就在这个人手上被掐断了。上帝的玩笑，有时开的真这样残酷。司马懿和诸葛亮打了多年的仗，悟出的道理是"灭贼之要，在于积谷"。他夺曹氏江山而不废曹操的屯田制和兴修水利的思路，最终为儿子司马昭灭掉蜀、吴铺平了道路。

西晋十六国南北朝，黄河流域遭受大破坏，用"惨不忍睹"来形容这段乱世，真的是再合适不过。结束这段动乱的是隋文帝杨坚。杨坚由辅政大臣，轻而易举地夺取了宇文氏的政权。他感到自己得国太过容易，常常不敢相信坐在皇帝宝座上的人真是自己。他为了服人心，便严格要求自己，使自己在德上力求高出宇文氏几截。于是，"躬节俭，仓廪实，法令行，君子咸乐其生，小人各安其业，强无凌弱，众不暴寡，人物殷阜，朝野欢娱，二十年间，天下无事，区宇之内晏如也"。这是写在《隋书》上的话，白纸黑字。在皇位传承中，第二代是瓶颈，往往只要熬过第二代，怎么残喘都会拖上一大阵子。可惜，隋文帝像秦始皇之秦二世一样不幸摊上了杨广（即隋炀帝）这个儿子。公允地讲，隋炀帝的确是个玩起来没个够的浪子，但也是个真干事的人。他的江山，有说是丢在"玩"上，如大造宫殿、大搜美女、乘坐龙舟下江南等，有说是坏在他所干的事上。当然，也有的说二者兼而有之。玩上虽不对，但杨坚留的家底足够厚，杨广是个名副其实的富二代，个人消费上奢侈点，也不至于把江山给断送掉。隋朝灭亡，根本原因是杨广干事太猛。杨广想让自己的气度迈过父亲，尽快消除因非正常继位在百官和百姓心中的不信任感，在短短的六年内，夜以继日地整修、改建了通济渠、永济渠、山阳渎和江南

京杭大运河

河，将钱塘江、长江、淮河、黄河和河北水系连接起来，形成了以洛阳为中心，西通关中，南至余杭，北抵涿郡，长达五千余里的水上运输线。无论就其规模来说，还是就其长度来说，都是空前的。修通济渠的同时，还在淮南整修了从山阳至扬子的渠道。全部工程，自东都洛阳起，至江都止，总计二千二百余里。从大业元年三月二十一日开工，到八月十五日，仅历时五个月，就全部工程告竣，且包括沿岸美化。

　　杨广所干的"水事"，不但惠及当代，更造福子孙后代。不管杨广是出于何种目的所为，但客观上都是利国利民的。这一点，对杨广的评价要实事求是。要说杨广问题出在所干的事上，那就是对高丽接连三次发动的战争上。公元 612 年，从水路上登

陆进攻的四万精兵，逃回船上仅数千人。从陆路进发的三十万大军，溃逃回辽东城下的只有二千七百人。隋炀帝是个虚荣心很强的人，如此惨败让他的面子挂不住。仅隔一年，隋炀帝便又下诏在全国征兵，他认为上次失败，主要是兵力不足造成的，这次在总兵力上，一定要远超上次。出发前，他视察大军时，手挥马鞭，洋洋自得地对朝臣们说：凭我现在的力量，海可以拔，山可以移，高丽算得什么！他倾全国之兵远征高丽，刚和高丽两军相接，便传来大贵族杨玄感鼓动民众造反围攻都城洛阳的消息，大军急忙回撤。这么长途的进发，轻易又撤回，没法不算失败。回到洛阳一年的时间里，隋炀帝都做了些什么工作呢？简单讲就是两个字：杀人。杀和杨玄感一起整事的人，最后性起，觉得不杀干净，将来会有后患，索性连杨玄感开仓赈济时因饿极去领米的人，也全都要杀。人杀完，他认为问题就算解决，便又劳师远征。高丽到底是国小，是耗不起无休止折腾的，只好遣使求和。杨广呢？马上也就爽快答应了。前后三次发动战争，就是为了一个对方服软。杨广心里是不会去算这笔经济账的。不等杨广回到洛阳把屁股暖热，高丽国王高元便反了悔。被逗着玩的杨广，气得暴跳如雷，马上就要发动第四次战争。将士们无论如何不想再陪他玩了，纷纷逃离，他才只好做罢。《隋书》论杨广征战高丽事说："内恃富强，外思广地，以骄取怨，以怒兴师，若此而不亡，自古未闻之也"。这段论述，算得上一针见血。历史上，像隋炀帝这种，瞄准灭亡主题加速奔跑的皇帝，是不多见的。

整个唐代，水利建设也可以说是伴随着朝廷的盛衰而兴废的。"水可以载舟，也可以覆舟"，唐太宗李世民对水利的贡献，也是有口皆碑的，这在前面已经有所涉猎，在此也就不必一一复述。

　　到了北宋时期。宋太祖赵匡胤和宋太宗赵光义，按照"先南后北"的战略构想，先是顺利灭掉南方的几个独立王国，后又灭掉了建都于太原的北汉政权，之后就开始了与辽和西夏国的多年拉锯战。而真正由战争转入建设，应是在宋仁宗时期。

　　宋仁宗天圣二年，为减少洪涝灾害，颁布《疏决利害八事》，规定排水工程必须"商度地形，高下连属开治"，由"州、县役力均定，置籍以主之"；施工后，若出现"水壅不行，有害民田者"，由有关官吏赔偿，不得"敛取夫众财货入己"；及严禁在河渠中截水取鱼，开沟占田及按面积减去田赋等。《疏决利害八事》称得上是我国第一部专门的排涝法规。

　　神宗年间，雄心勃勃的王安石入朝辅政。王安石不但诗文好，而且通晓农事。作为改革家，他首先关注的是水利。宋神宗熙宁二年十一月，效仿李世民，制定《农田水利利害条约》颁发诸路："凡有能知土地所宜种植之法，及修复陂湖河港，或元无陂塘、堤堰、沟洫可以创修，或水利可及众而为人所擅有，或田去河港不远，为地界所隔，可以均济流通……县不能办，州为遣官，事关数州，具奏取旨。民修水利，许贷平常钱谷给用。"同时，下派官员，四方严格督查，并下诏诸路设置农田水利官。

由于重奖严惩，很快形成"四方争言水利，古陂废堰悉务兴复"（《宋史·王安石传》）的局面。短短数年，全国兴修水利田"府界及诸路凡一万七百九十三处，为田三十六万一千一百七十八顷有余"（《宋史·食货志》）。在这里，还要特别提及北宋的黄河大放淤。大放淤涉及黄河下游、中游，包括京东、京西、河北、河东地区，面积之广不仅宋前所未有，宋以后也是罕见的。宋神宗赵顼对王安石的这一决策，曾给予积极支持。身为养尊处优的皇帝，难得如此热情高涨，他不仅亲自过问放淤进展和遇到的困难，还派遣亲信内侍太监到淤过的麦田调查，了解麦子的生长情况。他在朝廷改革与守旧两派斗争激烈的情况下，对王安石表示支持的方法也很特别，不顾太后的反对，径直走到田野，当着众大臣的面，很有点石破天惊地抓起一把土，伸出舌尖就去品尝。他对阻拦的大臣这样讲："大河源深流长，皆山川膏腴渗漉，故灌溉民田，可以变斥卤而为肥沃。朕取淤土亲尝，极为润腻。"这样一说，谁还敢多言？有了皇帝做坚强后盾，王安石胆气愈壮。他一方面积极鼓励主持黄河放淤的官员们放手干，为他们撑腰，一方面又亲自出马批驳反对放淤的言论。当司马光发出"淤田无益，谓其薄如饼"的指责时，王安石立马言道：就令薄，固可再淤，厚而后止。在人治的封建时代，皇帝、宰相大力倡导的事，想不如火如荼都难。从放淤的结果看，确实改变了土壤的品质。"尽成膏腴，为利极大"（《宋史·河渠志》），"赤淤地每亩价三贯至二贯五，花淤地价二贯五至二贯"，岁"增产数百万石"（《续资治通鉴长编》）。由此可见，大放淤取得了显著成效。

北宋京畿重地处于悬河之下，河患直接与统治者的切身利益息息相关。因此，历代宋王朝对防汛都相当重视。对如何能确保安澜，从皇帝到朝廷重臣，都莫敢置身事外。皇帝专门下诏，求安澜良策。许多人都卷入了治水的争论，提出过不少治水意见。其中，最为著名的是"贾让三策"。上策："徙冀州之民当水冲者，决黎阳遮害亭，放河使北入海。河西薄大山，东薄金堤，势不能远泛滥，期月自定。"遮害亭在今滑县西南，这里是古黄河的河口。"西薄大山"，是指太行山东麓。贾让的想法是沿着遮害亭筑堤，迫使河水北去，穿过魏郡的中部，然后朝东北方向流入大海。这是一个人工改河的设想。从地形上看，贾让在遮害亭上下改道使黄河北流的想法，是有科学根据的。当时的魏郡，大多是"民则病湿气，木皆立枯，卤不生谷"，平均每平方公里人口不到四十，移民难度也不大。贾让的中策，主要的思路是"多穿漕渠于冀州地，使民得以溉田，分杀水怒"。即在冀州穿渠。穿渠的目的，一则可以灌溉兴利，更主要的还是为了分洪。贾让的下策是"若乃缮完故堤，增卑倍薄，劳费无已，数逢其害，此最下策也"。翻译成白话，如果继续加高加厚大堤，即使花钱费力再多，也很难不遭受洪灾。

贾让三策，是保留至今的我国最早的一篇比较全面治理黄河的文献。有些规划就现在来看，有不少值得商榷之处，但在一千

多年前已能提出如此全面的设想，实非常人所能及。

为供京师之需，围绕开封的漕运空前发展。北宋时期，兴建了十分完备且极为庞大的水网工程，城市水系既能将涝水排出导入泗水，且汴河、惠民河、五丈河、金水河数条河流贯穿全城，水运交通，四通八达。著名画家张择端的名画《清明上河图》所描绘的就是当年开封沛渠的繁荣

开封运粮河现状

情景。特别是汴河，在北宋整整一代的经济发展中发挥了至关重要的作用。它上接黄河，下通江淮。将江、淮一带的米粮和百货，源源不断地运到开封，供应朝廷和一百多万军民的需要。"汴河横亘中国，首承大河（黄河），漕引江湖，利尽南海，半天下之财赋，并山泽之百货，悉由此路而进"。"国家漕事，至急至重，然汴河是建国之本，非可与区区沟洫同言也"（《宋史·河渠志》）。这样一件事，应该能说明汴河的重要程度。宋太宗赵光义在一次汴河遭遇特大暴雨决口后，曾亲自出乾元门视察，并对群臣说："东京养甲兵数十万，居人百万家，天下转漕，仰给在此一渠水，朕安得不顾?"（《宋史·河渠志》）。据《宋史·食货志》记载，宋初，"京师岁费有限，漕事尚简"，开宝五年（公元972年），运江、淮米才不过数十万石。到了太平

兴国六年（981 年），"汴河岁运江、淮米三百万石，菽一百万石"，至公元 1016 年，汴河运米更猛增至"七百万石"。不但远远超过了唐代汴渠的漕运量，也创造了本朝的最高纪录。除"漕粟至京师"外，"又漕金帛、薪炭和各种货物"。这一年各路制造的漕船达二千五百多艘。清明上河图反映的已极为繁华，但实际反映出的，只能算是冰山一角。

经过多少朝代日积月累的努力，以京师开封为代表，河南的经济社会发展达到一个鼎盛时期。其时，全国共有大城市 18 座，在河南境内就有 7 座，人口达到 1260 万，约占全国总人口的 1/5。开封城市人口更是达到一百多万人，成为当时世界上最大、最繁华的都市。河南成为全国乃至世界当时的政治经济文化中心。

当时的河南人，随便走到全世界任何一个地方，都应该是趾高气扬，被人高看一等的。至少，也会拥有时下北京、上海人的感觉吧。

河南兴，首功当归于治水。

第**3**章

恨水东逝——饱受水旱灾害的河南

▶ 提要

　　水是一把双刃剑，利与害在反掌之间。河南独特的地理位置，也注定了它极易饱受水害的命运，每个当政者，都必须时时刻刻保持警醒。北宋末年，被金侵扰，中原遭洗劫后成为拉锯的战场。金灭，中原经济还没有得到初步恢复，元的铁蹄又踏来。元开以黄河水代兵的先例，对中原经济破坏迈过以往。元定都北京，对河南治水，只保漕运，终因黄河民工起义被推翻统治。明朝基本沿袭元的方略，到明末，李自成进中原后，和明军争相以水代兵，中原经济遭到毁灭性破坏，以及更关紧的人才流失。清朝政府，腐败无能，内忧外患，根本关心不到河南水患。民国时期蒋介石扒开花园口，加上旱灾、水灾、兵灾，河南已经成为贫穷落后的代名词。在全国的地位，由《清明上河图》描绘的鼎盛，跌落到不见底的深坑里。

纵观水利史，不难得出这样的结论：历朝历代，凡在兴盛时期，多重视水患的防治，兴修水利，力图减轻水旱灾害，使民安居乐业，使社会经济得到发展；凡在衰败时，既不重视防治水患，也无力兴修水利。不少朝代的衰亡都是与连年水旱灾荒，民不聊生相伴随的。

　　多伟大的人物，都难免有小心眼。赵匡胤因自己是兵变当上的皇帝，就看着哪个武将都不放心。重文抑武，就成了宋朝至死不变的国策。要重文，最好是皇上先做出榜样。自赵光义以下，宋朝所有的皇帝，都文文弱弱。上之所好，民必甚焉。有本事的武将，无论是为了进步，或是避免招惹猜忌，能脱军装的赶紧都脱了。到了宋徽宗，经过多少代的努力，赵家在"文"上终于可以傲视群雄了。他的花鸟画和瘦金体书法，绝对不用沾皇帝名人的光，就可以独步天下。这样一来，也就更恨不得所有军人都解甲归田，马放南山。问题在于，不是所有人都认为舞文弄墨好玩。譬如，金兀术一直都在厉兵秣马，大概是在公元1125年冬天，他号角一吹，仿佛一夜之间，铁蹄就踏在了京城北门边的黄河大堤上。

　　金兵雪亮的弯刀一举把汴梁城上空的阳光全给遮挡了回去，

城里所有人的心情全都像阴霾的天空一样灰蒙蒙的。宋徽宗和他新即位不久的儿子钦宗赵桓一起，在金兵赶牲口一样的吆喝声中，被押解着踏上通往关外的黄土路，两个人的眼角都挂着凄凉的泪光。金兵是顾不上这两个亡国之君的感受的，更没雅兴欣赏宋徽宗的字画，他们还有更急切的事要做，那就是疯狂地烧杀奸淫抢掠。一座让马可波罗钦羡不已的繁华都城，旋即变成了人间地狱。

北宋灭亡后，赵桓的弟弟康王赵构在南京（今河南商丘）即位，是为高宗。金人南侵时又迁都临安，史称南宋。人心不足蛇吞象，金兵在金兀术统领下，步步紧逼，终于在江南遭遇军民

济渎庙

奋力抵抗受到重挫，败撤到长江边上时，被韩世忠诱困在黄天荡里。丈夫韩世忠奋勇截杀，妻子梁红玉站在吊斗上不顾箭矢如雨擂鼓助威。侥幸逃脱的金兀术，又

被岳家军在朱仙镇一场天昏地暗、云愁雾惨的大决战杀得丢盔卸甲。如果，不是因为岳飞被十二道金牌召回，只怕这次再没有黄天荡的幸运，命非丢在黄河南岸不可。可南宋还是成全了金兀术。金的气数很快就会尽了。公元1232年（天兴元年），蒙古军端掉金的老窝后，宜将剩勇追穷寇，由北向南，一直打到河

南。再朝南，是血海深仇的南宋在等着。早已成丧家之犬的金军退无可退，只好硬着头皮在豫东摆阵准备与元决一死战。成吉思汗为避免与做困兽斗的金军正面交锋，以保存实力来日好与宋军交手，在归德府凤池口（今商丘西北）派人决河，以洪水灌金兵，金兵没有堤防，溺毙无数。金这场戏，至此谢幕。可这次决口，却导致黄河首次夺濉水入泗水。成吉思汗以水代兵尝到甜头，在公元1234年攻打开封时，见城墙坚固厚实，一时难以攻下，就在开封城北二十余里寸金淀再次决开黄河。黄河由封丘南、开封东至陈留、杞县分为三股：一股经鹿邑、亳州等地会涡水入淮；一股经归德、徐州，合泗水南下入淮；一股由杞县、太康，经陈州会颖水至颖州南入于淮。黄河由此不断南移、西移，到13世纪中叶，黄河下游到达颖河一线，夺颖入淮，这是黄河南流的最西线。此后，汴河被淤，漕运遭停，百姓逃亡，整个汴梁很快萧条下来。昔日的繁华，让黄河想来就像是做了一场春梦。中原的经济地位，用下滑已远远不足以表达。要说，只能说是一个跟头从云彩里跌落到泥淖里。

蒙古族战马狂奔的铁蹄把金踏碎后，公元1279年，苟延残喘的南宋也被他收入囊中。元朝统一全国后，定都北京，黄河流域从此不再是全国的政治

开封北原黄河决口处

中心。"中"的含义里，少了很大的一块儿。

元朝这一马背上飚起的王朝，如果让奔跑的马蹄突然停下来，会浑身发痒不自在的。所以，元朝建立后，就是不停地扩张，再扩张。向北、向西、向南，狂扫、再狂扫。根本顾不上，也想不起中原是不是安澜。等它终于安定下来的时候，中原不仅繁华烟消云散，水害更是一发不可收拾。百姓生活在水深之中，不是形容，而是现实写照。黄河自金代夺淮入海后，成为整个元代黄河下游的基本流势，河患频繁，从至元九年到至正二十六年的95年中，就决溢40年。有时，一年就决口十几处或几十处。随后，几乎年年决溢，"塞河之段，无岁无之"。特别是至正四年，黄河在今山东省曹县境白茅镇决口，六月又北决金堤，泛滥达七年之久，危害甚大，"黄河决溢，千里蒙害，浸城郭，飘室庐，坏禾稼，百姓已其毒"（《元史·志第十七上 河渠二》）。同时水势北侵安山，延入会通河，通往北京的漕运受到很大影响，经济大动脉几被中断。黄河决堤后，还顺流而下冲坏山东盐场，严重影响元朝政府的国库收入。显然，尽快地堵塞白茅决口，进行一场较大的治理，既能够拯救鲁西南一带广大灾民和农田，又可使会通河免遭破坏，这无论是从防止民变的政治层面上还是从保证漕运畅通的经济层面上，治水都是必须的，客观形势迫使元朝廷必须做出抉择。

至正八年（1348年）四月，元朝廷听从丞相脱脱的建议，决定派贾鲁治河。从史料上分析，贾鲁属于追求完美型性格的人，不干则已，干就干净朗利脆。"通达干练，竭诚行事。"只是，此时的黄河已经欠账太多，从"归德府至徐州三百余里，缺口一百七十处"，用积重难返来形容，一点都不过分。

　　贾鲁临危受命后，没有草率行事，先带人"循行河道，考察地形，往复数千里"进行调查研究。掌握大量第一手资料后，"备得要害，为图上进二策：其一，议修筑北堤，以制横溃，则用工省；其二，议疏塞并举，挽河东行，使复故道，其功数倍"（《元史·贾鲁传》）。这期间，元朝廷发生政治变故，脱脱被排挤离开相位。作为"丞相工程"的贾鲁治河，也被搁置，所提策论亦被束之高阁，连贾鲁的工作也给调整了，"迁右司郎中"。至正九年冬，脱脱复任丞相，"慨然有志于事功，论及河决，即言于帝，请躬任其事"（《元史·河渠志》）。元惠宗接受了脱脱的建议，并命召集群臣研究治河事宜。在廷议中，脱脱表示："然事有难为，犹疾有难治。自古河患即难治之疾也，今我必欲去其疾"（《元史·脱脱传》）。态度十分坚决。贾鲁这时也再一次强调黄河"必当治"，重新提出了以前进献的二策。脱脱考虑后，同意取其后策。这时，以成遵为代表的朝臣仍极力反对。脱脱认准贾鲁是个能干事、干得成事的能员和专家，清楚能否挽救元朝在此一举，铁下心来支持他。他不顾阻挠，报请皇帝批准，表示若不准即辞职。至正十一年四月初四日，元惠宗拗不过脱脱，这才"下诏中外，命鲁以工部尚书为总治河防使，进秩二品，授以银印。发汴梁、大名十有三路民十五万人，庐州等戍有

八翼军二万人供役"（《元史·河渠志》）。脱脱、贾鲁毅然开始了浩大的治河工程。

治水少不了动人动钱动物，而且容易遭人诟病，没有具有远见卓识的领导的大力支持，是很难获得成功的。这样讲来，贾鲁应当感谢脱脱的知遇之恩。

贾鲁这次治河"有疏、有浚、有塞"。疏：整治旧河道，疏通减水河。浚：筑塞小口，培修堤防，保证河回故道后不至出险。塞：堵塞黄陵口门，挽河回归故道。这是关键性的一役，在这方面贾鲁特别下了工夫。首先，他组织力量修了刺水大堤三道，接着又修了截河大堤。当这些工程陆续竣工时，已到阴历八月二十九日，虽然这时故道已经通流，但因"刺水及截河三堤犹短，约水尚少，力未足恃"，决河水势仍甚大。面对这种情况，贾鲁以为，"如下埽迟误，恐水尽涌入决河，因淤故河，前功遂隳"。于是他"乃精思障水入故河之方"，决心"入水作石船大堤"，以加强刺水大堤和截河大堤的挑溜能力。九月七日，贾鲁命"逆流排大船二十七艘，船腹略铺散草，满贮小石，然后选水工便捷者，每船各二人，执斧凿，立船首尾，岸上槌鼓为号，鼓鸣，一时齐凿，须臾舟穴，水入，舟沉，遏决河"。船沉后，立即在船上加高埽段，"出水基趾渐高，复卷大埽以压之"。前船下水后，后船如法炮制，"沉余船以竟后工"，并在船堤之后加修草埽三道。最后，在口门处下二丈高的大埽进行堵口。至"十一月十一日丁巳，龙口遂合，决河绝流，故道复通"（《黄河水利史述要》）。

贾鲁这次治河，工程浩大："桩木大者二万七千，榆柳杂梢六十六万六千，带梢连根株者三千六百，藁秸蒲苇杂草以束计者七百三十三万五千有奇，竹竿六十二万五千，苇席十有七万二千，小石二千艘，绳索小大不等五万七千，所沉大船百有二十，铁缆三十有二，铁锚三百三十有四，竹篾以斤计者十有五万，垂石三千块，铁钻万四千二百有奇，大钉三万三千二百三十有二"，总共用"中统钞百八十四万五千六百三十六锭有奇"。耗用的财物是极其可观的。

这次整治黄河，花掉的钱占全国财赋收入的一半还要多。当时，元朝早已处于风雨飘摇中，农民起义此起彼伏，财政开支捉襟见肘，把钱全都投到黄河上，其他方面，包括赈济灾民的事，就要全部停下来。朝廷无法及时拨款，贾鲁只能拖欠民工和军兵的工钱和军饷；为了赶进度，减轻脱脱在朝廷上的压力，对军兵对民工的暴行也只好睁只眼闭只眼。

濮阳渠村分洪闸

他的两眼里，只有黄河大堤。后世评价贾鲁治河："贾鲁修黄河，恩多怨亦多，百年千载后，恩在怨消磨"（《行水金鉴》引蒋仲舒《尧山堂外记》）。从当时情况看，聚众兴工，劳役太重，不

顾民工死活，一心急于求成，招致民怨在所难免。但作为这次工程的主持者，贾鲁"能竭其心思智计之巧，乘其精神胆气之壮，不惜劬瘁，不畏讥评"（《至正河防记》），一举堵住了泛滥七年的黄河决口，是有贡献的。

问题是就政治而言，元朝此时，早已病入膏肓。为弥补堵口造成的财政巨大缺口，至正十年底，顺帝又决定变更钞法，滥发纸币，造成物价飞腾。这样，黄河安澜的好处还没来得及体现出来，尖锐的社会矛盾却先激发出来。刘福通，黄河堵口民工，为人仗义，堵口技术上有一套，在民工中有非常高的威信。有事没事，大家都喜欢朝他身边凑。平时闲聊，他只要一开口，所有人都认真倾听，天生是一个具有领袖气质的人。决口堵上后，只剩下一些扫尾的活，工钱却没着没落。大家拿不到钱，就无法回家，情绪越来越激愤。他和北方白莲教首领韩山童等决定抓住这一时机，发动武装起义。他们一面加紧宣传"弥勒下生""明王出世"，一面又散布民谣"石人一只眼，挑动黄河天下反"，并暗地里凿了一个独眼石人，趁着夜黑埋在即将挖掘的黄陵岗附近河道上。第二天，在惊呼声中被人挖出，刘福通佯装不知地走过去，大声念出上边的字。这正道出了大家想说不敢说的话。于是，大家"顺乎天意"，头上缠红巾做标志，拥戴着韩山童和刘福通走上了推翻元朝的造反之路。在提着头颅与元军转战的途中，收下了后来足智多谋英勇善战的和尚出身的朱元璋。刘福通战死后，几经周折，起义军的领导权归到朱元璋的手里。朱元璋按照高人指点的"高筑墙、广积粮、缓称王"的方略，最终，剪灭群雄，把元朝廷赶到漠北，建起了以日月做组合的大明朝。

黄河最有发言权：农民起义发生在治河民工身上，发生在治河的过程中，但这却不是治河本身的错。要一定说其中的联系，只能说这件事做得晚了。如果及早做，工程简单得多，既用不了这么多民工，也花费不了这么多的钱粮。还有，老百姓如果安居乐业，日子过得舒舒服服，谁还会没事想到造反，纵有人挑动，大家也不一定跟。还有一种假设，贾鲁不堵口，任由其泛滥下去，深重灾难之中的百姓，起义也是早一天晚一天的事情。

明太祖朱元璋定都南京，时间不长，因传位给皇太孙惹得儿子朱棣不满，于是，朱棣从燕京发兵，一路攻进石头城里，让皇太孙趁着冲天大火出逃后，再不敢露面。朱棣这个后来编纂有《永乐大典》巨著的皇帝眼里的河南，黄河夺淮持久，河道极不稳定，在河南地区呈多支分流状态，黄、淮、运交织在一起。这时，江南的钱粮百货的最终目的地已不是河南汴梁，而是燕京。为了保运，明朝在黄河治理上实行"抑河南行"的方针。这一决策，造成黄河长期夺淮的局面，为河南带来了沉重灾难。

到燕京的运河，沿的是这样的线路：自江南运河过长江，从瓜洲古渡（今瓜洲镇）进入江北的扬州的运河，沿扬州运河入淮北，再由黄河逆流至中滦（今河南者开封市北，封丘以南），然后陆运至淇门（今淇县东南），从淇门再入御河（今卫河），水运至通州，最后从通州运至燕京。这条运输线路在河南仅有两段水运和一段陆运。因为没了使命，河南境内的其他漕运，逐渐废弃。明朝没有真正吸取元朝灭亡的教训，对黄河的安澜并没有放在心上，当然，更不可能有宋朝那样休戚与共般的关切了。明朝中后期，先是嘉靖严嵩弄权，后是万历阉党把持朝政，等担子交到崇祯的肩上，锦绣江山早已被踩蹦得千疮百孔。黄河也嗅到了即将改朝换代的气息，愈发地不安分起来，决溢次数极为频繁，尤其集中于开封上下。据不完全统计，仅在《明实录》《明史》和《明史纪事本末》中，洪武至弘治年间有决溢记载的年份就有 59 年。其中十之八九都在兰阳、仪封以上的河南各地，仅开封一地决溢的记载就有 26 年之多。更要命的是，先旱后涝，旱涝交加，随处望去，路上全是拖家带口的逃荒的饥民。

元朝黄河失修，得便宜的是朱元璋。明朝黄河失修，帮的是李自成的忙。李自成在潼关，中了兵部尚书洪承畴的埋伏，这是一场鱼死网破天昏地暗的大血战。最后，李自成仅剩十八骑，惶惶如漏网之鱼逃进商洛山躲了起来。依当时的情况，李自成差不多等于完全丧失了战斗力，只要洪

黄河故道

承畴组织力量满山搜剿，加上地方武装的熟悉地形，李自成是绝难逃脱的。洪承畴没有继续围剿，一来是清兵进攻，关外战事告

急，崇祯急调他去赴任；二来是他掉以轻心，认为李自成已成强弩之末，很难再翻起大浪。实际上，洪承畴的判断并非一点道理都没有，李自成虽然没有在商洛山自生自灭，但确实也没有大的作为。李自成似乎也认识到了这一点，于是，他心思一动，带着队伍到了河南。河南遍地的流民，全成了他急需补充的兵员，队伍迅速壮大，而且一发不可收拾，终于成了崇祯皇帝的克星。等他拿下洛阳，杀掉福王，取得足足的军饷和军粮，志在必得地又把开封围得像水桶似的，准备把其一举收到囊中的时候，河南巡抚高名衡命令明朝守城的军队，在开封西北十七里的朱家寨，悄然把黄河大堤给扒开了。洪水灌向低洼的义军，李自成只能连忙撤退。李自成不甘心吃哑巴亏，决心以其人之道还治其人之身，同样派人在开封的马家口把黄河掘开一个大口，二口相距不到 30 里，两股黄水互相淹灌，"至汴堤以外，合为一流，决一大口，直冲汴城以去，而河之故道则涸为平地"（《明史·河渠志》）。

虽然最终高名衡依靠洪水帮忙让义军退走了，但洪水也灌进城里，城中大水可平地行船，百姓淹死无数。大水过后，开封城市人口由 30 多万，锐减至 8 万余人。新中国成立后，考古挖掘开封旧城遗址，发现地下埋有六层。有童谣这样唱：开封城，城摞城，门摞门，路摞路。这些"功劳"，有老天让黄河决口淤积的，也有这些"猛人"的功劳。本来，就是因水害让民心倒向的义军，明军此举，更加深了老百姓的仇恨。等李自成再次到开封的时候，似乎没有费多大力气，就一举把开封攻了下来。接

着，挟占领中原之威，很快兵锋直指北京城。

有这样的说法，明朝灭亡，除了北清军、南义军，两面作战，腹背受敌的原因外，还与老天不帮忙、不照应，降下"旱灾、瘟疫、蝗灾"三大灾难有关。

明朝最后两位倒霉皇帝天启和崇祯统治期间出现了最恶劣的气候。在他们执政前后的四十多年的时间里，让他们赶上了两次史无前例的"八年大旱"，即连续八年的严重干旱。华北乃至华中、江南等地，千里赤野。旱魃猖狂触目惊心，蝗灾逞凶同样让人不寒而栗。崇祯大蝗灾开始于崇祯九年，崇祯十年蝗灾向西进入关中平原，崇祯十一年，在连续而又大面积发生旱灾的条件下，蝗虫迅速增殖扩散。崇祯十年的蝗灾区，随着其范围的扩大，在十一年联合成西起关中，东至徐州一带长达上千公里的分布区，东端宽度达 400～500 公里。到崇祯十三年，蝗灾区的面积达到顶峰，黄河、长江两大流域中下游，以及整个华北平原都是蝗灾区。

相比看得见摸得着的旱灾、蝗灾，瘟疫更是让人不寒而栗。万历初期的时候，北方地区鼠疫大流行，"崇祯七年、八年，兴县盗贼杀伤人民，岁馑日甚。天行瘟疫，朝发夕死。至一夜之内，一家尽死孑遗，百姓惊逃，城为之空"。崇祯十七年，潞安府"秋大疫，有阖门死绝无人收葬者"（《潞安府志》）。"崇祯十六年癸未七月顺天府通州大疫，名曰疙疸病，比屋传染，有阖家丧亡竟无收敛者"（《通州志》），"黄昏鬼行市上，或啸语人家，了然闻见，真奇灾也"（《怀来县志》）。李自成前往北京的路上，每个将领都料想将遭遇一场恶战。实际上，连个装装样子的抵抗都没有。原因是禁卫军里也爆发了瘟疫，明军基本丧失了作战能力，人们根本无心也无力抵抗。

虽然，上述三个因素都是客观存在，但这三个因素最终能够形成，也都是与水分不开的。试想，如果农田灌溉设施齐备，纵不能扭转天象，但何至于颗粒不收？蝗灾、瘟疫就更是大水患过后的产物了。实际上，明朝在治理黄河上，比此前任何一个朝代都来得复杂。明代后期，不但仍然以"保漕"为最高指导原则，到了嘉靖年间，又冒出"护陵"任务。明人谢肇制曾坦言道："至于今日，则上护陵寝，恐其满而溢；中护运道，恐其泄而淤；下护城郭人民，恐其湮汨而生谤怨。水本东而抑使西，水本南而强使北。"又道："今之治水者既惧伤田庐，又恐坏城郭；既恐妨运道，又恐惊陵寝；既恐延日月，又欲省金钱；甚至异地之官，竞护其界，异职之使，各争其利"（《北河纪》）。这样左右摇摆，瞻前顾后，已经决定了明代治河注定要劳而无功。

吊死在煤山老槐树上的崇祯，在地下的灵魂若能反思，是否会觉得是洪水帮了李自成的忙？要是真这样想，那就是执迷不悟。汉朝张衡《东京赋》说，"夫水所以载舟，亦所以覆舟"，怪水，是没有道理的。

权利的真空，总有人会急着去填充的。清兵像洪水一样，在吴三桂的引导下，很快就涌满了全国每个角落。当然，也包括黄

河两岸。

坐落在河南省武陟县嘉应观乡的嘉应观，是一座集宫、庙、衙署为一体的清代建筑，始建于清雍正元年（1723），东为河道衙署，是清代治理黄河的指挥中心，西为道台衙署，是地方管理河务的机构。康熙末年，黄河四次在武陟决口。雍正元年，又决马营口，洪水直逼京津。为治黄安民，雍正帝派河道总督率兵堵口、修坝，并亲临河防搬石。为祭祀河神龙王，封赏治河功臣，口堵坝成时，雍正下诏敕建嘉应观。命河臣齐苏勒，仿北京故宫，调河南、山东等五省民工，历时四载，建成了这座规模宏大的官式建筑群。

从嘉应观的修建，我们不难看出满清政府对黄河治理的决心与对策。首先可以看出，雍正比较重视治河。康熙末年、雍正初年黄河决溢频繁，雍正在齐苏勒的河道总督之外，加派稽曾筠为副总河，驻防武陟督河，并从此开始成定例地分设南河和东河河道总督，以加强对河南、山东黄河的治理。河南武陟是黄河豆腐腰的开始，仅明洪武至弘治137年间有决溢记载的年份就达59年。其中十之八九都在兰阳、仪封以上的河南各地，仅开封决溢的记载就有26年。嘉应观里的

嘉应观御碑亭

治河诸神，大多参加过河南境内的治河活动。雍正帝将嘉应观敕建在武陟这个看似最不安全的地方，让这些河神们世受供奉，或许是希望黄河在这里依靠诸位河神的护佑，可以永远安澜无恙。

通过嘉应观里一个个鲜活的河神形象，以及他们所展现出来的治河功绩，让后人对治河的历史有了一个系统的认识。无论是"堵""疏""引"策略，还是"束水攻沙""蓄清刷黄"理论，亦或"埽工""石船""丁坝"等技术实践，都是人类治河史上的宝贵财富，对今后的黄河治理都有着重要的借鉴意义，值得后人不断学习。

创立康乾盛世的几个皇帝，公允讲是奋发有为的，对治理水患也下了很大工夫。到了咸丰，外有列强入侵，内有太平天国起义，哪里还顾得上发展水利、治理河患。咸

嘉应观中华第一铜碑

丰五年，黄河在河南铜瓦厢决口。铜瓦厢在兰阳县黄河北岸（今兰考县东坝头西）。黄河西来，到这里漫转东南，是明清两代河防上的险要处所。这年六月中旬，黄河上游连降暴雨，铜瓦厢坍塌开三四丈宽的大口，在洪水不断冲刷下，十九日这段堤防终于溃决，到二十日全河夺溜。铜瓦厢决口之后，黄河主流先流向西北，淹没封丘、祥符两县村庄。而后折转东北，淹及兰阳、

长垣等县村庄。黄河决铜瓦厢后掉头北去，改道由山东利津入海。咸丰在承德避暑山庄丧命，慈禧经过密谋和打拼，终于实现垂帘听政的梦想，她急于量中华之物力，结与国之欢心，连北洋海军的军费都敢拿去修颐和园做祝寿之用，怎会有闲工夫操心黄河的事。光绪戊戌变法时，有人趁此机会，提出黄河归回故道的事，但眨眼工夫，谭嗣同等六君子的人头便在菜市口被砍了下来。再接着，八国联军打进北京，圆明园冲天大火把整个北京城的夜空都映照得通红，仓皇逃窜、忙于奔命的慈禧，就更对河水泛滥的事，连听都不愿意听了。就这样，黄滔浊浪，旁若无人地一直肆意横行着。直到 1911 年 10 月 10 日，以孙中山为代表的革命党人发动了辛亥革命，一举推翻了清王朝，结束了中国 2000 多年的封建社会制度。

1912 年 1 月 1 日，中华民国成立，国民党先是北伐，和吴佩孚一决高下。接着，内部起哄，蒋、冯、阎中原逐鹿，打来打去，受害的都是中原百姓，影响的都是河南建设，水利设施在战乱中几乎被破坏殆尽。1931 年全国发生大水灾，河南为重灾区，有 82 个县受灾，平汉铁路被冲毁，难民达到 1500 万以上。民国时期的 37 年中，黄河在河南省境内决口的就有 16 年。1933 年，黄河出现大洪

民国时期，灾民涉水逃荒

水，黄河北岸温县、武陟、长垣决口 115 处，南岸兰封、考城等决口多处，沿河两岸一片汪洋……

因水利发展起来的河南，又因水患，导致中原文明的陨落。洪水冲走的不仅仅是家园，更重要的还有人才流失。河南因此渐失政治经济中心地位，还因落后成为讥讽的对象。中原崛起的"崛起"二字，隐隐能透出里面的痛。正如司马迁在其《史记·河渠书》中所发出的慨叹那样："甚哉，水之为利害也！"

历史上多有"逐鹿中原"之说。但"逐鹿"来，逐鹿"去，最终还得靠"水"来稳定大局势。中原兴在水利，败在水害，这可以说是个不争的事实，但说到底，该认真"三思而行"的还是人。

第4章

传承与借鉴

▶ 提要

　　新中国水利发展，大体经历了三个发展阶段和三个相对低迷探索阶段，呈波浪式推进发展。第一阶段大体是从 1950—1957 年。在毛主席的伟大号召下，全国迅速掀起了以治淮为前导的大规模水利建设高潮。我省建成了一大批水利骨干工程，初步解决了淮河、黄河等重要河道的重大水害隐患。但在这一阶段，由于缺乏水文资料，许多水利工程的设计标准偏低，其直接后果就是造成后来的"75·8"大洪水板桥等大型水库垮坝事件，成为水利史上最惨痛的教训。紧接着从 1958 年起，水利建设也刮起了浮夸风，大跃进把"三主"经验错误地推广到了平原区，人为阻塞河网水系造成洪涝无法排、良田盐碱化、粮食减产、民不聊生、怨声载道，其后遗症直到 60 年代末才得以消除。水利的第二个发展阶段是在文化大革命中后期，当时在"以粮为纲""水利是农业的命脉"的指导思想下，又一次得到了全民的积极响应，改天换地，改造旧山河成为主要的动力。"大搞农田水利基本建设""农业学大寨"是当时的主要标志；改河造地、围湖造田、梯田化、水利化是当时追求的主要目标。但到了改革开放初期，随着农村实行联产承包责任制后，农田水利工程也遭到严重破坏，水管单位也推向市场化，财政断奶，工程失修老化，隐患多多，问题多多。水利的第三个发展阶段大体是在世纪之交以来，随着水资源供需矛盾，水环境恶化，饮用水安全等新问题出现，水利工程老化失修等问题的日益突出，再次引起党和国家的高度重视，不断加大水利基础设施投资，以除险加固，保证防洪安全为出发点，逐步把水利的发展方向导向了民生安全、粮食安全、国家安全的战略高度。通过近十年的努力，基本完成了所有大中型水库和部分小型水库的除险加固，完成了重要行洪河道综合治理，恢复或新建了一大批农田灌区和供水工程等。

中央 1 号文件，再一次吹响水利建设的号角，我们将迎来水利建设更加美好的春天。下一步我们到底该怎么做？就要靠我们水利人的智慧和能力了。水利建设既有自然科学的一面，也有社会科学的一面。在许多失误中，既有对自然规律认识不足的问题，也有主观头脑发热的问题和功利思想作祟的问题。在水利建设上我们要冷眼看世界，精心谋筹划，用力谋幸福！

新中国建立后河南的水利建设史，可以说是从治淮为开端的。1950 年 6—7 月，淮河中上游普降大到暴雨，6 月 27 日至 7 月 20 日新蔡县降雨 671.5 毫米，漯河降雨 317 毫米；周口最大四日降水量 108.5 毫米。洪汝河班台洪水流量达到 1080 立方米每秒，淮河王家坝流量达 8265 立方米每秒。河水暴涨，河堤溃决，洪河决口 88 处、长 2879 米；汝河决口 156 处、长 12721 米；淮河、白露河、史河、灌河共决口 262 处，长 38516 米。信阳城关被淹，京汉铁路中断，驻马店汝南、新蔡一带上百里一片汪洋，月余不退，陆地行船，从汝南县可以直达新蔡。河南受灾面积达 1630 多万亩，人口 460 万，倒塌房屋 21.8 万间。安徽河南两省 74 个县受灾、4300 多万亩耕地被淹、受灾人口 1300 多万。淮河上下亿万人民生活在了水深火热之中。

淮河水灾深深牵动了新中国领袖们的心。新中国刚刚建立，国内外局势尚未平稳，淮河又突然发生了如此大的水灾。要知道，新中国的诞生，淮河沿岸人民是做出过巨大贡献的，当年决定国民党命运的淮海战役主战场就是在淮河大平原啊！正如陈毅元帅说过的："淮海战役的胜利是老百姓用小车推出来的"。党中央深知水灾不除，民将不存，国将不安。毛泽东主席曾就淮河治理多次作出批示。10 月 14 日，政务院发布了《关于治理淮河的决定》。从而揭开了新中国水利史上人民治淮的序幕。1950 年 10 月，成立了治淮工作委员会，任命华东军政委员会副主席曾山为治淮工作委员会主任，河南、山东、安徽三省的主席为副主任。河南、山东和安徽三省也同时成立了治淮总指挥部。河南省治淮总指挥部，由省人民政府主席吴芝圃任主任，省委第一书记张玺任政委，省府秘书长贺崇升任秘书长。总部下设办公厅、政治部、工程部、供运部、卫生部。与此同时，许昌、信阳、潢川、淮阳、陈留、商丘 6 个专区治淮指挥部也先后建立，28 个县成立了治淮总队部。从上到下形成了完整的领导体系，其规格之高实属罕见，使得治淮有了切实的组织保证。

　　1951 年 5 月 9 日，毛泽东同志又向全党全国人民发出了"一定要把淮河修好！"的伟大号召。伟人举手，万民响应，大批领导干部走来了，各路技术专家走来了，各大院校的大学生也来了，从南京来的黄泛区查勘队也留下了，成千上万的淮河儿女齐上阵，就连人民解放军的 98 师也整建制改为了水利二师，战斗在薄山和南湾水库工地上，竖起了"八一"鲜艳的旗

水利二师开山采石建设薄山水库

帜！一时间，淮河上下，豫南大地，上百万治淮大军，浩浩荡荡，彩旗飘飘，人吼马嘶，战天斗地，惊天地，泣鬼神。这是一种什么样的场面呢！几千万乃至上亿方的土石方，全要靠民工来挖、装、运、卸、平整、辗压。仅白沙、板桥2座水库就先后动员了4个专区、20个县、5个市的工人、农民40多万人，加上支援前方供给的2万多辆牛车，1万1千多头牲口，绝不亚于当年大兵团作战的战役。一面面"一定要把淮河修好"的旗帜，高高飘扬在治淮的工地上，深入到全国人民的心坎里，极大地激励着亿万军民，不断掀起波澜壮阔的治淮新热潮。

运土上坝建设白沙水库

淮河在古时与济、河、江并称为"四渎"，原本都有各自的入海通道。民谣言"走千走万，不如淮河两岸"，也充分说明了当年淮河的美丽与富饶。可到了宋代，金兵屡屡犯境，东京守将杜充企图依水抵兵，于南宋建炎二年（1128年）在滑州决开了黄河堤防，使一向北流的黄河人为改道，转身向南狂奔而去，直到1855年黄河从河南兰考县境铜瓦厢自然决口，才使黄河重新复归到向北流的征途。无独有偶的是，到了1938年，蒋介石也下令在郑州花园口扒开黄河大堤，企图以此抵御日本鬼子，让黄河又一次到江南风光无限了一次。滚滚黄流，一路沿着贾鲁河、颍河、涡河流入了淮河，历时又有 9 年。历史上的这两次根本性的南流改道，也让黄淮百姓深深感受到了黄河那博大的情怀，潇洒的身影，把整个淮河的下游全部拥抱在了自己的怀里。这次交流，造成河水泛滥，灾民遍野，大量泥沙彻底封死了淮河的入海通道，迫使黄淮之流不得不择洪泽湖改道长江入海。直到新中国建立之初，淮河还一直屈居于长江的支流。

"山洪易发，河道不畅，入海受阻"是淮河留给人们的心腹之患。没想到这个问题会来的如此急迫，新中国刚刚诞生，淮河就似乎要来个下马威。1950—1958 年，淮河接三连四地发大水。指挥过千军万马的开国领袖，又要运筹帷幄决胜于千里之外了。党中央经过深思熟虑，审时度势，及时制定了"蓄泄兼筹"的总体治水方针。采取大跨度、大纵深、大兵团的作战方式，在上游修建水库拦蓄洪水，在下游开挖明渠，疏通入海通道，在中间修建滞洪区，分散多余之水。以优势兵力各个击破，不打则已，要打就打他个淮河数十年的安澜无恙。

河南位于淮河的最上游，是洪水的主要源头，也是深受水涝灾害之苦最为严重的地区。经过不到 8 年的努力，就先后建成了白沙、石漫滩、板桥、薄山、南湾 5 座大型水库、523 座小型水库，为洪水准备了 28 亿立方米的大口袋，控制了山区流域面积 4000 多平方公里。在淮河低洼地带建成了老王坡、吴宋湖、蛟停湖、潼湖、泥河洼 5 座滞洪区工程，可分散滞蓄洪水 6.78 亿

立方米。疏浚淮河及其支流河道达上万公里。下游江苏也顺利开挖了苏北明渠，打通了淮河的又一个入海通道。初步控制住了区域性大洪水，取得了治淮阶段性胜利。

在与淮河水患作斗争的同时，全省其他各地也都掀起了空前的水利建设高潮，从而也揭开了全省乃至全国改造山河，造福人民的伟大序幕。1952 年 10 月，毛泽东主席在公安部部长罗瑞卿、中央办公厅主任杨尚昆等同志陪同下，来到河南视察黄河，具体察看了兰考三义寨、开封柳园口、郑州邙山的黄河情势，听取了黄委会主任王化云关于黄河

当年毛主席视察黄河兰考东坝头现状

治理情况与设想的汇报，然后对着张玺、吴芝圃、陈再道、王化云等同志，又语重心长地说了一句话："要把黄河的事情办好！"这立刻成了又一个新的号召！这是领袖的号召，更是由衷的嘱托！而今这个嘱托，还依然被镌刻在黄河水利博物馆的墙壁上，竖立在毛主席当年站过的郑州邙山的丘岗上。

是的，黄河儿女一刻也没敢忘记这个嘱托，一直把它记挂在自己的心坎上，激励着我们全身心地投身到伟大的水利事业！

在那短短的 8 年时间里，黄河、天然文岩渠、伊河、洛河、沁河以及淮河、海河、唐白河等河南省比较重要的河道也都成了

一个个水利建设的新战场。先后兴建了黄河、沁河的北金堤滞洪区、大功临时分洪等工程，可分流黄河洪峰每秒 15000 立方米，其中北金堤滞洪区可分流黄河洪峰每秒 10000 立方米，滞蓄黄河洪水 20 亿立方米。卫河长虹渠、良相坡、白寺坡、广润坡、小滩坡 5 处滞洪工程，可滞纳卫河洪水 5.77 亿立方米。同时完成了黄河第一次大复堤，对唐白河、卫河、天然文岩渠、伊河、洛河、沁河等的薄弱河段及堤防进行疏浚培修，提高了防洪排涝能力。

在发展灌溉方面，除了建成的人民胜利渠和白沙水库灌区外，还先后恢复、扩建、新建了一批万亩以上大、中型灌区。截至 1957 年底，万亩以上灌区由 1949 年的 22 处发展到 59 处，有效灌溉面积由 72.7 万亩，发展到 342.3 万亩。万亩以下小渠道、小水库灌区也有较大发展，由 1949 年的 4700 多处 60 万亩，发展到 1957 年的 1.1 万处 158 万亩。渠灌面积由 1949 年 14.3 万亩发展到 1957 年 574.8 万亩。机电灌站基本上是从无到有，到 1957 年建了 198 处，灌溉 16.16 万亩。塘堰坝灌由 1949 年 28.6 万座，灌溉 284 万亩，发展到 36 万座，灌溉 394 万亩。井灌也由 1949 年 19.96 万眼，灌溉 139 万亩，发展到 1957 年底 107.9 万眼，灌溉 934.5 万亩。特别是 1956 年发明创造了"五六打井法"，大大提高了打井效率，既能改善加深浅井，又能打新井，人也无需下井挖泥，操作上更安全。这是打井技术的重大进步，被推广到全国各地，还被介绍到国外，至今还在使用。"五六打

井法"对全省机电井建设起到了重大促进作用。仅在 1957 年的一年里，全省就打了 2400 多眼。1957 年底全省有效灌溉面积发展到了 1923.1 万亩，保证灌溉面积 1372.49 万亩，较 1949 年分别增长 2.39 倍和 2.32 倍。其中 1954 年建成的人民胜利渠和 1955 年建成的白沙水库灌区，建成即达到或超过设计灌溉面积，为河南省灌区建设积累了丰富经验。

"五六打井法"

1957 年，平原地区除涝治碱面积和低洼地治理面积分别为 26.38 万亩与 470 万亩，分别较 1949 年增长了 3.8 倍和 29 倍。山丘区治理水土流失面积到 1957 年达到 11325 平方公里，增加了 1.56 倍。

在引黄灌溉方面，尽管河南早在北宋就有了一定发展，但从金代以后，黄河决溢频繁，无灌溉之利，至民国始有所复兴。新中国成立后，河南引黄灌溉事业才算真正得到了快速发展。

1952 年建成的人民胜利渠一期工程，正式拉开了引黄灌溉的序幕。这是黄河下游兴建的第一个大型引黄自流灌溉工程。始建于 1951 年 3 月，渠首位于武陟县的秦厂村，一期工程竣工，就开始受益。以后又经续建、扩建，1987 年总灌溉面积达 88.5

万亩，受益范围涉及武陟、获嘉、新乡、原阳、延津、汲县和新乡市郊区。引水总干渠和干、支、斗、农、毛各级固定渠道共计2070 条。渠首为无坝引水，设计正常流量 60 立方米每秒，加大流量 85 立方米每秒。此外还有沉沙池 9 处，总面积 5 万余亩，可将渠首 36% 泥沙淤积在沉沙池里，减轻主渠道的淤积。还有677 条各级排水渠道，可把多余的水及时排泄至卫河，以防抬高地下水位，造成土地盐碱化。灌区内还建有机井 8000 多眼，实现井渠结合。从而形成了避沙择清，沉沙入池，灌、排并重，井渠结合，地表水、地下水联合运用，防止土壤次生盐碱化。通过一系列科学调度、运用管理，实现了旱可浇，涝可排，井渠联合，把地下水位控制在恰到的高度，为农业稳产高产发挥了显著的作用。20 世纪 70 年代后期以来，灌区粮食亩产超千斤，皮棉超百斤，并给新乡市提供了工业、生活用水，为引黄输水至天津市做出了积极贡献，堪称引黄灌区的典范！

当年毛主席视察河南人民胜利渠时，恰好赶上第一期工程竣工，亲自摇动摇把，打开了首次引黄的闸门，看到肥沃的黄河之水源源流进干渴的土地，十分高兴地说道："像这样的水闸一个县能有一个就好了！"还风趣地比喻

人民胜利渠　渠首闸

说：渠灌是阵地战，井灌是游击战，形象地指出了井渠结合的发展方向。

比起这些成就，我们当时所花的钱是极其少的。8 年总累计投资只有 5.59 亿元（不包括国家对黄河干流上的投资），其中第一个五年计划期间投资 4.68 亿元。其花钱之少、速度之快、规模之大、效果之好也是无与伦比的，投入产出之比几乎达到了极致！

新中国成立初期，正是河南丰水之期，特别是 1954 年全省暴雨洪水均大于 1950 年和 1931 年，项城汛期雨量是 1931 年的两倍多。洪汝河班台洪水流量达到 1990 立方米每秒，远大于 1931 年的 980 立方米每秒和 1950 年的 1080 立方米每秒；淮河王家坝流量达到 9050 立方米每秒，也大于 1931 年的 8745 立方米每秒和 1950 年的 8265 立方米每秒；黄河花园口流量达 15000 立方米每秒，仅次于 1958 年 22300 立方米每秒的记录。当年各类拦蓄滞水量多达 9 亿立方米，白沙、石漫滩、板桥、薄山 4 座水库削减洪峰 97% 以上。依靠新建水利工程所发挥的重要作用，全省基本没有河道决堤，保证了汛期安全和农田安全。当年全省耕地受灾面积达 2984 万亩，但比起 1931 年的 5000 万亩减少了很多。大水之年粮食总产仍然达到 114.25 亿公斤，单产 88 公斤，较 1949 年分别提高 60% 与 28.5%。

在提高抗御旱灾能力方面，1957 年有效灌溉面积达到 1923 万亩，比 1949 年 567 万亩增加 2.39 倍。第一个五年计划期间实灌面积平均每年 450 多万亩，较 1949 年增长了 2.3 倍，粮食产量平均每年约 117.5 亿公斤，比 1949 年增长了 64.67%。

经过第一阶段的水利建设和发展，治水取得了阶段性重大胜利！全省基本保障了江河的安澜，人民的安居乐业。省治淮总指挥部完成了历史的使命后，而被宣告撤销。随之到 1958 年，流域治淮委员会也宣告解散，后来又逐步恢复，到 1977 年调整为水利（电力）部治淮委员会，成为国务院治淮领导小组的常设办事机构，专门负责淮河流域的总体规划建设管理与审批工作。将淮河治理纳入到了常规的健康轨道。

轰轰烈烈的治淮运动虽然过去了，但治淮大业并没有结束。在治淮委员会的统一规划和领导下，淮河水利事业，依然在不断加强完善中健康地向前走！当然在治淮初期也遇到了许多不可回避的难题，最核心的是水文、地质资料缺乏，技术人员经验不足，时间又紧迫，设计不周、施工准备不够。所有工程几乎都是边勘探、边设计、边施工，工程质量和设计标准存在许多隐患。板桥水库大坝在建设中就发生严重裂缝，南湾水库坝基遇到大断层交汇带。这些问题虽然经过技术人员反复研究、制定修改方案，得到了解决。但有些隐患却一直到了"75·8"大洪水，才彻底暴露了出来。其直接结果就是导致了石漫滩、板桥两座大型水库的垮坝，造成水利建设史上最为惨痛的教训。究其根本原因就是缺乏水文资料，设计标准普遍偏低，无法抵御"75·8"的特大暴雨。"75·8"大洪水后，国家对全国的水库重新进行了

校核设计和改造，提高了稀遇洪水的防洪标准，消除了隐患。

全省水文站网也是在这一时期快速发展起来的。当时把水文称作水利的尖兵和先锋，大兵未到粮草先行，逢山开道，遇水架桥，形象地说明了水文的作用。在治淮总指挥部和省农业厅水利局里都有专门水文管理机构，水文站网体系初步得到确立。当时水文条件都非常简陋，水文站都是先工作后盖窝，开始的一两年内都是办公生活在草棚里。测流只能靠船和涉水来完成，有些站只好用几个煤油桶捆绑在一起做测流工具，没有什么安全保证。人员常常被洪水冲走，甚至献出了自己的宝贵生命。所以对水文职工一直有个不成文的规定，都要会游泳，练就水上漂的基本功。另外还有两个基本功，就是练好一手公正字，打得一手铁算盘，记录要清楚，计算必准确。

1958—1965 年，各行各业先是"大跃进""放卫星"，出现"浮夸风"，后是做调整。水利建设也同样走过了一段曲折的道路，其故事就起始于济源境内的蟒河。蟒，巨蛇也，小龙也。传说在离蟒河不远的云台山大瀑布下面，就有一个囚禁小黑龙的黑龙潭，幽深莫测，寒气逼人。可谁能想得到，济源的这条小蟒河，竟也会翻起水利史上的大波浪。

蟒河地处黄河中游，太行山南麓，东与沁河干流相邻，西以王屋山为界，南与黄河干流毗邻，地跨山西阳城、河南济源、沁阳、孟州、温县等市县，河道全长 130 公里，流域面积 1320 平方公里。流域地势三面环山，形如簸箕，西北高东南低，上陡下缓，相对高差达千米，水土流失严重，地力贫瘠，水旱灾害十分频繁，历史上曾发生过 1400 立方米每秒的大洪水。很久以前人们就在济源东关蟒河桥下悬挂一口青铜宝剑，希图借此犀利之剑镇得住频频的蟒害，但其结果带给人们的也只能是不尽的失望。

新中国成立后，对蟒河流域进行了大规模的综合治理和开发。20 世纪 50 年代初期，济源人民在蟒河的上游建起了许多小水库、沟道谷坊、淤地坝、水平沟、鱼鳞坑、蓄水池，有计划地封山育林、绿化荒坡和建设水平梯田，控制水土流失面积 326 平方公里。1957 年 10 月至 1958 年 2 月，中共河南省委在多次总结蟒河治理经验的基础上，一致认为：全面规划、以蓄为

1956 年蟒河流域治理

主、综合利用、综合治理，可以基本解决山丘地区的水利问题，很有推广价值。并制定了具体方法即依靠群众、小型为主，全党动员，坚持贯彻。具体的目标就是 200 毫米降雨无径流，600 毫米无山洪，在梯田的边坡地头打旱井，把多余的雨水收集起来，洪时蓄水，旱时灌溉。从而形成了"以蓄为主，以小型为主，以社办为主"的"三主"治水方针。当时有位副总理来这里视察后，倍感欣喜，指示应在全国推广。于是"三主"方针就被

上升到了全国的水利工作方针，在全国迅速掀起了"三主"水利建设新高潮。

正当"三主"方针在全国各地发挥出积极作用的时候，它的发祥地河南，却又推出了新举措，要在山上毁林开荒修梯田，坡地梯田化，梯田水利化，沟头修防护，沟下挖水塘，形成谷坊群、水库网，从上到下，层层蓄水，做到径流不下坡、山洪不出沟。更要命的是把"三主"治水方针推广到了豫东大平原。本着"以蓄为主"的指导思想，建水库，挖沟塘，开运河，抬高路基，按水平线修成沟洫网，按等高线修建土堤埂。200 毫米以下降雨就地拦蓄，200 毫米以上降雨分割处理，力求径流不外出，社社要建船，村村建码头，梦想一夜间变成水网交错的江南之乡。曾一度把坚持不坚持"三主"方针看作是走不走社会主义道路的大问题。明确提出水利 12 化大目标：沟渠电气化、渠道梯级化、工程系统化、水力电气化、提水机械化、水产多样化、沟河航运化、耕地园田化、沙碱良田化、灌溉自动化、洼地水稻化和四旁全绿化。

在此目标指导下，诸如周口至商丘、商丘至永城大运河等一批骨干航道相继开

1958 年 9 月，周商水运河开挖

工建设起来。为了不让自己天上的降雨流失他乡，村村打起围堰，社社筑起土墙，县县筑起拦河坝，把自己的地盘全部围封起来，把自己的雨水全都存起来。不是说水是农业的命脉？不是说要县县通运河，家家能行船吗？好像只要有了水就会有了一切。老百姓把这种作为说成是：一块地对着一块天，200毫米降雨不外转，自力更生加巧干，三年建成大江南。有些领导干部也开始总结了：岗地梯田化了，平地水塘化了，洼地水稻化了，横看串串是坑塘，竖看条条是沟渠，横竖都把洪水拦蓄起来了，你不旱涝保丰收也不成了。当年报纸有篇社论中说：经过半年的苦战，河南水利建设完成土方80亿立方米，灌溉面积由4300万亩扩大到11700万亩，全省基本实现了水利化，给全国人民做出了好榜样！

可是人们却忘记了最要害的一点，那就是我们是在北方，水量存在着严重的旱涝不均！枯水期水少撑不起船，还能相安无事，可到了汛期，就来了大麻烦，水多得用不了，留不住，又不能向外排！荷枪实弹的基干民兵全都巡逻在自己的边界上，看到谁家水排到自己领地，就开枪。机关枪架在河堤上，看谁敢扒坝泄洪就扫射，这个时候不是你不让自己的"肥水"浇了外人田，而是外人根本就拒绝你的"肥水"。知道什么叫作茧自缚吗？那时候你要是再走在美丽的大平原，就仿佛回到了春秋战国的时候。群情激愤，斗志昂扬，敌对矛盾一触即发，走火事件时有发生。新上任的省委书记刘建勋在全省三级干部会议上愤怒地质问

道："我们都是共产党的天下，你们要搞独立王国吗？"

可他还不知道，其他水利建设同样如火如荼，一日千里。中小型水利工程不放松，大型水利工程也要上。多快好省，好和省是顾不上了，只好在多和快上搞突破。全省水利摊子越铺越大，战线越拉越长，加上三年自然灾害，百姓饥寒交迫，劳力难以为继。被虚夸风吹起的大气球，终于破裂了，大批水利工程不得不半途而废，停工下马。原计划在 1960 年汛前完成 12 项大型灌溉工程、11 座大型水库、117 座中型水库、6 项河道枢纽工程等，直到 1965 年底才基本完成了鸭河口、宿鸭湖、昭平台、白龟山 4 座大型水库，40 座中型水库。原计划要完成的 6022 万亩灌溉面积，有一多半没有完工，20 多万座水上建筑物没有建，2 万多条支斗渠 3 亿多土石方没有开挖。至于要开挖的万里航道、造 1 万只 10 吨位的船，就基本被扼杀在摇篮里了。但是小型水库确实得到了大发展，从无到有，到 1965 年底已经发展到了 2300 多座。

东风渠闸

在"大跃进"的年代里，"水利是农业的命脉"，水利建设为农业生产服务的指导思想很明确，很响亮，制定"以蓄为主"的治水方针，也是为了解决水源不足，以满足农业生产的需要，加上 1959—1960 年的连续干旱，也就更加坚定了人们对蓄灌工程的期望值。这也很容易出现治水理念上的偏差了。

在引黄上相继修建了郑州东风渠、兰考三义寨人民跃进渠、新乡共产主义渠、封丘红旗渠四处大型引黄灌溉工程，同时还修建了东明黄寨（1963 年划归山东省）、濮阳渠村两处引黄灌区。加上原有的 3 处，豫境黄河两岸已经建起了 9 处引黄涵闸，设计引水能力达 1555 立方米每秒。要知道全黄河总的多年平均流量才只有 1700 多立方米每秒。为了保证共产主义渠、人民胜利渠和东风渠的引水，1959 年 12 月，还兴建了花园口枢纽工程。引黄灌区基本覆盖了新乡、开封、许昌、郑州 4 个专区、市的 42 个县、市，耕地 3479.4 万亩，设计灌溉面积 3248.5 万亩。站在黄河看豫北有人民胜利渠、武嘉、原延封、红旗等 7 个灌区，灌溉面积 1103.5 万亩；看豫东有东风渠、花园口、黑岗口、跃进、黄寨等 7 个灌区，灌溉面积 2145.0 万亩。年引水量 133 亿立方米，是 1957 年 1.6 亿立方米的 83 倍。灌溉面积是 1957 年底的57.7 倍。

单听这些引黄渠道的名字和数字，就可以想象人们的良好愿望，可由于发展过猛，规划设计缺乏合理，仓促上马，工程不配套，把原本除涝排水的沟河直接用做了引水渠道，侵占了自然退水出路，破坏了自然排水系统，到头来大量引水漫灌的结果不仅没有增产，而且还导致大面积内涝和次生盐碱化，好心办成了坏事，事与愿违。1960 年，豫东涝灾面积 900 多万亩，比 1955 年

反而增加 400 万亩；1961 年，盐碱地面积 1100 万亩，比 1958 年的 480 万亩反而增加 620 万亩。粮食单产量人民胜利渠灌区降至 193 斤，原阳县降至 94 斤，回到了 1952 年的水平线以下。后来不得不下了紧急禁灌令，除人民胜利渠外引黄灌区被全部关闭。商丘地区 1961 年和 1962 年粮食总产量只有 1950 年的六成，1955 年的四成多。很多社、队几乎到了绝收的地步，群众生活极端困苦，水利建设为农业生产服务的目的适得其反，干部群众思想混乱，怨言很多，水利工作面临诸多尴尬与被动。

在此很有必要说说治黄的问题。说到治黄就不能不提到三门峡水库。这座被称为黄河第一坝的水利枢纽工程，就位于豫西老陕州城的下游 30 公里处。而三门峡大坝的修建也就标志着始建于西汉武帝元鼎四年（公元前 113 年）的陕州古城从此而消逝，换之而来的是一座崭新的三门峡城市的傲然而立。一个工程带起了一座城市，这在我们河南也是独一无二的。三门峡这个神话传说中被大禹神斧劈开的地方，在 1953 年飞快地进入到了新中国决策者的视野里。这里原本是黄河的荒蛮峡谷，以往船工拉纤的喘息声已经渐渐消去，灯火恍惚的船影已经渐渐泯灭，只有那"神、人、鬼"三道水门在浊浪翻腾中摇曳着两岸的芦荻。突然有一天这里又云集来了千万人马，一项伟大的工程就要在此隆重剪彩开工了。这就是 1957 年 4 月 13 日，随着开工礼炮的轰响，三门峡又被很快地推进了世界的视野里。大坝采用混凝土重力坝，他的最大好处就是不怕洪水漫坝。前苏联老大哥还为我们设计了 360 亿立方米的大库容，坝顶高程 360 米，计划用 127 亿立方米来容纳上游未来 60～70 年的来沙量。以此达到一坝定乾坤，根治黄河之害，实现中国人民数千年"黄河清"的夙愿。宏伟的大坝于 1961 年 4 月全部竣工。但是早在 1960 年 6 月高坝筑至 340 米时，就迫不及待地开始拦沙拦洪了。黄河在三门峡大坝的拦蓄作用下，确实是变清了。

　　可就在这年汛期，黄河上游发生一场超乎想象的大洪水，来水量 380 亿立方米，来沙 36 亿吨，当年水库就淤积了 15 亿吨泥沙，到 1964 年 11 月，淤积泥沙已达到了 50 亿吨。按这样的速度，别说是 60 年、70 年了，恐怕不到 5 年，水库就会被淤死了，更要命的是渭河在潼关的入河口一下子抬高了 4.7 米，黄河回水大有逼近西安之势。而下游的"水清"比水浑更难对付，水流不但不冲刷河底，还专门冲刷河岸，塌岸毁堤现象屡屡出现。时任长江流域规划办公室主任的林一山则建议到：降低水库水位，打开大坝底孔排沙，减少渭河淤积。至此，总算保证了水库的安全运行。

　　我国著名革命家黄炎培的三儿子，我国著名的水利专家黄万里，曾经在 1955 年 4 月召开的"黄河三门峡水利规划方案讨论会"上第一个提出了

———
三门峡水库

坚决反对建坝的意见。其理由其实很简单，一是黄河含沙量巨大，三门峡大坝建成后，黄河潼关以上流域必然会被淤积，淹掉大片土地；二是黄河下游不可能会变清，即便水库放出来的是清水，但走不了多远照样会变浑。"黄河清"只不过是一个虚幻的美景，在科学上是根本不可能实现的。

但是，从另一个方面来看，黄河调水调沙，三门峡水库功不可没。自2001年小浪底水库投运以来，黄河防总先后于2001年8月、2002年7月、2003年8月进行了三次调水调沙试验。在这三次试验当中，三门峡水库充分发挥了"承上启下"的中心作用。根据小浪底水库投运后，三门峡水库运用边界条件改变的情况下，三门峡水库基于水库群联合调度进行防洪减淤的"洪水排粗，平水排细"的运用手段，适时开展调水调沙，调整了小浪底库区泥沙淤积形态，并减轻下游河道淤积，再一次向世界证明了三门峡水库无可替代的重要作用。

黄河岁岁安澜，三门峡水库也是举足轻重。三门峡水利枢纽工程控制了黄河中游北干流及泾、北洛、渭河两个主要洪水来源区，并对三门峡至花园口区间第三个洪水来源区发生的洪水，能起到错峰和补偿调节作用，在小浪底水库投运前，三门峡水利枢纽工程作为黄河下游最后一道屏障，在几十年的防洪、防凌等运用实践中发挥了巨大的作用。1967—1983年的17年间，黄河下游出现的严重凌情有6年，但由于三门峡水利枢纽的成功控制，解除了凌汛危害，使下游河道由"武开河"变为"文开河"，对保证下游凌汛安全，起到了关键作用。

究竟是利大于弊，还是弊大于利？世界上还没有像三门峡大坝这样难以盖棺定论的例子，它的功与过，恐怕还要继续争论下去。而今当你来到三门峡古陕州城的遗址上，几乎看不出它的任何遗迹，只有那座差点被推倒的宝轮寺 13 层三圣舍利宝塔，依旧孤独地漠视着眼前的这个变化多端的世界，并以"呱呱"的蛤蟆叫声，传承出往昔的神奇。

日常生活中，我们常会听到说：没有功劳，还没有苦劳吗？可这数年的辛劳，却换来的是水利成效上的倒退，那么还能有什么"苦劳"可言呢！这里面自然有认识上的不足和水利投入的锐减，但也不能不说存在着极左思想和好大喜功的问题。

为了应对三年自然灾害和虚夸问题，中央于 1961 年提出了"调整、巩固、充实、提高"八字方针。全省水利投资一下子从上年的 2.57 亿元锐减到了 0.46 亿元。水利部门不得不缩短战线，精简机构，工程被迫停工下马，方针、政策被重新制订。到 1965 年才基本扭转了水利工作的被动局面。

但是在其他水库灌渠和河道灌渠建设方面，还是取得了一定成效的。最负盛名的就是林县红旗渠，从此一道人间天河，成了缠绕太行山虎背熊腰的玉带，至今闪耀在中原的大地上！此外在贾鲁河、沙河的干流上也相继建起了十余座拦河水闸，发展自流灌溉和提水灌溉。白龟山、宿鸭湖、南湾、薄山等水库灌区也相继开工，但由于灌区工程不配套或质量差，后续工作一直延至

20世纪70年代，甚至到21世纪才完成。除此之外，中、小型灌渠更是星罗棋布，一哄而上，数量之多，难以统计，但实灌面积仅有设计的15%左右，效率都很低。

在指导方针的调整上，河南又是最早认识到了"以蓄为主"在平原的危害，先是把"以蓄为主"改为"以配套为主"，要求平原地区"以除涝治碱为中心，恢复自然流势，拆除阻水工程，打开排水出路，完善灌排配套、排灌蓄相结合。"1962年2月14日，国务院在北京召开平原区水利会议，河南代表在会上力主以排为主，却饱受讽刺。

1962年3月中旬，水利部在河南范县召开专门会议确定：彻底拆除一切阻水工程，恢复水的自然流势；要积极采取排水措施，降低地下水位；停止引黄灌溉，仅保留河南人民胜利渠和山东打渔张两灌区，控制引水，沿黄各闸，不经水电部批准不准开闸。3月下旬，省委又做出了"彻底废除边界围堤，拆除沟河堵坝，改善阻水路基，平毁一切阻水工程"等10项决议。1963年10月，时任河南省委书记刘建勋在全省水利工作会议上进一步提出"挖河排水、打井抗旱、除涝治碱、植树防沙"16字方针，1965年9月，又充实为"以建设旱涝保收、稳产高产农田为中心，防旱防涝两手抓，自力更生、小型为主、全面配套、狠抓管理，大力发展灌溉、继续除涝治碱、搞好水土保持"。

从以上水利工作方针接二连三的调整过程来看，一次比一次说得详细，说得具体，说得坚决。从中也不难看出，在治水方略纠偏过程中的艰难和阻力。一种思潮一旦形成，根深蒂固，再想改变是多么地不容易！过去用了三年建起来的问题工程，而今又足足用了三年多的时间，并在大批干部深入现场，严厉督促下，才得以基本解决。

　　且来看看当时拆除的各种阻水工程，就有 4 万余处，重新挖走的土方就有 10 多亿立方米，投入劳工上千万之多。其代价不可谓不沉重，其教训不可谓不深刻！对此周恩来总理也十分感慨，对待水利建设不能急躁，不能草率，必须谨慎从事。工业犯了错误，很快就可能转过来，林业和水利犯了错误，多少年也翻不过身来。

　　时间进入到了 1966 年，经过三年多的调整和纠偏，水利形势好不容易有了好转，"文革"就爆发了，水利也和其他经济建设一样，受到了严重的冲击和干扰。水利部门知识分子成堆，"牛鬼蛇神""反动学术权威"，一抓一大把，领导靠边站，技术干部被下放劳动，甚至把水利厅及各地、县的水利机构都给撤销了，全省水利事业一度处于无政府状态。

　　但就总体说来，水利建设还是得到了较大发展。有些县办的水库如宋家场、窄口等工地一直都在艰难的条件下断断续续地施工着。我们的广大水文站基层职工，也一直自觉地坚守岗位，坚持水文测报工作不间断，保证了水文资料的连续性，这在那个时代也是非常少有的特殊现象，充分表现了广大水文职工甘于寂寞的敬业精神！正是有了广大水利干部职工优良品质和忠于职守的

精神，才使水利工作不至于完全被中断。1969 年 11 月，水利厅有 200 多人再次被下放到信阳、南阳、洛阳 3 地区农村或"五七"干校参加劳动。这些人加上市、地、县水利局和黄委会下放的数百人，大多数都被安排到了在建的鲇鱼山水库、窄口水库、陆浑灌区、故县水库、引丹渠首、故县灌渠、小浪底等工地。他们有总工程师、主任工程师、工程师，技术员，是从事勘探、地质、水文、水工、科研、施工等专业的技术骨干人员。是金子总会发光，他们无论走到哪里，总能发出自身的光芒，并以极大的乐观主义，投身于水利基本建设，与普通民工同吃同住同劳动，有效地保证了这些水利工程建设的质量。

到了"文革"中后期，人心思定，谋求发展，在"以粮为纲""水利是农业的命脉"的指导思想下，水利建设得到了全民的积极响应，改天换地，改造旧山河的热情空前高涨！在山西昔阳的一座虎头山上，突然站起了一位头裹白毛巾的老农民，他就是陈永贵。就是他带领着贫穷落后的大寨人，硬生生地把"七沟八梁一面坡"变成了稳产高产的梯级田！正在为九亿人民吃饭发愁的毛主席，又一次用他敏锐的思想，把这个深藏不露的大寨村，推到了世人的面前。玉米棒子大如棒槌，改良高粱笑红了脸，低垂的谷穗与身高同长，这是我们从记录片上经常见到的画面。"农业学大寨"成了振奋亿万人民的新号角！这令人再次想起来了我们河南的蟒河，要不是被发烧者瞎折腾了一回，说不定那个号召就会变成"农业学蟒河"了吧！

当然历史不能重写，在那个时代里，铺天盖地到处飘扬的还是"农业学大寨"的旗帜，和"大搞农田水利基本建设"的火爆场面。男女老少齐上阵，敢叫日月换新天。"以粮为纲"对于普通老百姓来说，是再贴心不过的事了！改河造地、围湖造田、梯田化、水利化几乎成了当时追求的主要目标。1969 年

"全国农业学大寨"展览画

5 月，省革委在"国民经济发展计划纲要"中指出，要在 3 年或更长一段时间内，建设稳产高产农田 5000 万亩，完成 10 大灌溉工程和 7 万眼机电井配套任务。

　　1970 年 8 月，国务院召开全国农业会议，提出要尽快扭转"南粮北调"的局面，坚持"以粮为纲，全面发展"，大搞农田基本建设，做到每人有一亩稳产高产田。9 月，《人民日报》发表了《农业学大寨》的社论。1972 年 8 月，国务院召开北方地区抗旱会议，周总理提出，第五个五年计划后期，全国人口将达到 10 亿左右，粮食产量应不少于 4000 亿公斤，平均每人 400 公斤。分配给河南的任务就是到 1980 年粮食产量应达到 250 亿公斤。这个任务从今天来看并不算什么，因为我们现在粮食产量已经超过 1000 亿斤了。可在当时那可是要费老大劲的。

　　为此河南省委提出了平原地区一人一亩旱涝保收田，山丘区

一人一亩大寨田、半亩水浇地的具体要求。平均每年上工人数在1200万人以上，至1975年累计完成土方量25.8亿立方米，机电井增加到52.7万眼，较1970年翻了一番。有效灌溉面积增至5374万亩，较1970年净增了1600多万亩。但是仍然未达到省委的要求。由于人口增长的因素，全省人口1975年已经达到了6758万人，人均水浇地只有0.8亩。

但是仍有很多值得肯定的亮点。新乡地区水浇地面积达到560万亩，相当于1949年的5倍多，实现了一人一亩水浇地，小麦单产150多公斤，比1971年增产了26%。巩县回郭镇当年2.59万亩小麦，平均亩产达到271公斤，一举超过了《纲要》（1969年，当时国家拟定的《全国发展纲要》中，粮食亩产目标是250公斤）指标。

1973年，持续干旱时，全省冬灌面积达3476万亩，59个县、市浇麦面积占麦播面积50%以上，16个县、市达到80%以上。1974年，全省平整土地1360余万亩，深翻改土1636万亩，造地造田240余万亩。宿鸭湖、板桥、薄山水库灌区也打破了多年来配套慢、效益小的不利局面，完成配套任务28万亩。安阳县郭村公社自办水泥、石料厂，不靠国家一分钱，一年衬砌渠道1.2万米，提高了水的利用率。

在水库建设上，复建完成了孤石滩、宋家场、石山口、窄口、人和5座大型水库外，又新建了五岳、泼河、鲇鱼山、青山4座大型水库，使全省大型水库达到了15座，总库容85.18亿立方米。中型水库达到了 85 座，净增 33 座；小（1）型水库达到了 444 座，净增 231 座；小（2）型水库达到了 1781 座，净增 874 座。至此河南省大中小型水库总计达到了 2325 座，总库容为 128.24 亿立方米。基本上是 10 年翻了一番。2300 多座水库，这是个闪光的数字，时至今日也没多大变化，说明河南省可建水库的地方已经差不多了。

1975 年 8 月 8 日，是新中国水利史上最黑暗的日子。这年的 3 号台风在东太平洋形成后，变成了低气压，绕我国华东南兜了一大圈，8 月 5 日到内陆驿站——驻马店上空，驻下不走了，把所有的辎重行李一股脑地抛了下来。汝河上游有个林庄一下子落下了 1630 多毫米的雨水。先是近 60 座小型水库溃不成军，声泪俱下；接下来是石漫滩水库承受不住巨流的冲击，于 8 日零点 30 分漫坝溃决；再接着是板桥、田岗和竹沟水库也不行了，于凌晨 1 时 30 分相继撒手人寰。沿河两岸 10 多公里宽，45 公

"75·8" 大水中，溃坝后的板桥水库

里长的广大地面，一扫而空，5 万多平方公里被淹没，310 多万间房屋倒塌，1000 多万人受灾，500 多万人受困。直到这时，人们才感觉到修建起来的水库确实存在着重大隐患，不得不对水库

重新进行水文校核计算设计，把全国所有的大中型水库全部梳理了一遍。千年设计，万年校核，加高大坝，加大泄洪能力。"75·8"以两座大型水库的垮坝，换来了无数水库的安全！所以在石漫滩水库的原坝址上，高高竖立起了一座灰色的"功德"碑，以示对数万人生命的崇敬！我相信每一个前往的人都会在那里沉默几分钟！

在河道治理上，这一时期也同样年年都有投入。除了对黄河、淮河主要干流堤防加固外，重点是对淮河各大支流进行整治，提高它们的行洪排涝能力。小洪河西平五沟营至新蔡班台147.1公里河段，排涝流量由原来的40~240立方米每秒提高到200~580立方米每秒，防洪流量由原来的110~470立方米每秒提高到350~1060立方米每秒。汝河遂平段下泄流量由1500立方米每秒扩大到3200立方米每秒；汝河干流沙口至班台段163.7公里缩短为81.6公里，泄洪流量由800立方米每秒提高到1850立方米每秒；汝河下游出口泄洪流量由1000立方米每秒提高为1780立方米每秒。颍河郾城吴公渠口至周口孙嘴入沙口河段，长79公里，排涝流量达到430~800立方米每秒，泄洪流量达到900~1540立方米每秒。

在石漫滩水库原址上建造的"75·8"警示碑

在平原河道治理方面，认真吸取过去的经验教训，从南到北对大部分主要河道，重新进行了系统的治理。疏浚河沟，修筑堤防，修建桥闸，整理水系，并进行沟、渠、田、林、路的配套。豫东的涡河、沱河、王引河和豫北的金堤河、马颊河、徒骇河涉及边界之争，兼顾行洪、排涝双重功能。治理后提高了排涝行洪能力，减轻了涝碱灾害，消除了边界排水矛盾。

"文革"前后，水文管理权经历了上下几次反复，1957 年以后，水文站下放到地区管理；1961 年，国民经济困难时期，一度下放到各县甚至乡里管理；1962 年，国务院下文要求将水文站上收到省级管理；1963 年 10 月，国务院又下文把省级水文机构直接上收到水利部统一管理；"文革"开始后，水文站再次下放到县一级领导，由于受到地方"文革"干扰，把其管理权统一收到地区级直接领导；1980 年，省政府下文将水文工作再次上收到省级直接领导，并相对稳定了下来。"文革"期间，水文职工始终坚守岗位，保证了水文资料观测的连续性，为国民经济建设做出了积极贡献。三年困难后期，水文站减少到了 110 处，水位站减少到了 17 处，但雨量站却增加到了 820 处，同时又新设了水化学检测站 27 个。进入 20 世纪 70 年代后，为了改变水文测验条件，先后建起了水文测流缆道，使水文人从水里作业转到了岸上作业。至 1980 年，水文体制全部上收后，水文站又增加到 144 处，雨量站达到 1230 个。1986 年以后，又新增水位站 15 个，雨量站 94 个。

1976年10月，粉碎了"四人帮"，"文化大革命"宣告结束，人心大快，全国都希望尽快把国民经济搞上去。1977年1月，河南省委提出要把大寨县数量从37个增加到52个，继续实现人均一亩以上旱涝保收田的目标。10月，又提出每年建成1000万亩旱涝保收田，每年参加兴修水利的劳力高达1000多万人，专业施工人数达150万人，相继开工7.7万项水利工程。

1978年，豫东出现春秋旱，缺水率达56%～66%，受旱面积5000多万亩，严重受旱面积达1700多万亩。9月1—7日，省委在郑州召开789人出席的农田基本建设会议，规模创新中国成立以来最大。会议安排新建大、中型基建项目88项。1979年8月5日，全省农业会议提出农田基本建设要以治水改土为中心，山、水、田、林、路、电综合治理；坚持"以小型为主、配套为主、社办为主和当年受益为主"的"四主"的基础上，再搞一定数量的大中型骨干工程；要抗旱、除涝两手抓，认真建设旱涝保收田；要发扬艰苦奋斗、自力更生、互助互利的革命精神；要按照山丘、平原和洼地三类不同的自然条件，实行分类指导的水利方针。

这些方针原则和要求无疑都是正确的，但也再次反映出了好大喜功的苗头，水利建设明显存在摊子过大、配套差、效益低的严重问题，致使长期存在的重建轻管、基建战线过长、效益低下的势头继续在发展。仅1979年全省开工在建的大中型项目就多达150多项，要全部完成的话，至少需要3年时间，每年需要投入 3 亿余元，而当时年基建投资只有 1.3 亿元左右。后来这些项目，很多成了半拉子工程。甚至有些个别水库的灌区至今还没有完全配套上。

为了贯彻落实中央"调整、改革、整顿、提高"的经济工作方针。从 1980 年开始，水利基本建设的投入大幅度削减。1980 年，河南决定停建 29 项水利基建项目，被列入水电部复建的板桥水库也停了。1981 年，水利投资从上年的 0.9 亿元减少到了 0.4 亿元，1982 年，最少只有 0.38 亿元。在这样的情况下，当时的副省长崔光华明确指出："把水利工作重点转移到配套管理发挥效益上来，多搞一些投资少，见效快的小型水利"。但随着农村联产承包责任制的迅速普及，连"投资少见效快"这样的小型水利也难以实施了。土地分到户后，原有的水利工程也被分割得支零破碎，加上基层水利管理一时跟不上形势的变化，只好眼看着水库和灌溉系统一天天的失修老化，甚至遭遇人为损坏。1985 年后，省委、省政府认识到了问题的严重性，对水利建设发展模式进行了积极探索和改革。水利资金投入从 1984 年的 0.56 亿元增加到 1988 年的 1.05 亿元。但这点钱也只能用于急需的水库和重要河段的除险加固等方面，水利事业进展异常缓慢，水利效益每况日下。

随着水旱灾害的频繁发生，人们也开始不断呼吁水利的重要作用。1989 年，省委、省政府发布了《河南省水利建设发展规划纲要》，进一步加大了水利改革的力度和步伐，使全省水利建

设朝着健康的方向前进。

首先是解决水利建设的投入问题，紧紧围绕粮食核心区建设，开展水利建设达标评比及红旗渠杯竞赛活动，以奖代补，实行目标管理。

水利建设的投资，过去较长时期内大都由国家支付，养成"国家出钱、农民种田"和"喝大锅水"的习惯。但水利是造福全社会的事业，只有动员全社会的力量，才能不断发展、不断前进。为此1987年，省委、省政府批转了水利厅《关于增加水利投入的意见》，鼓励农民办水利，实行"水利义务工"，要求从灌区收益耕地、水土保持区、耕地占用税留成、乡镇企业税、粮食发展基金、地方财政等多方面筹集水利建设资金，发挥地方政府的积极性，拓宽了人们的思路，提供了解决水利投资长期紧缺的有效途径，并从政策上明确了对水利建设的优惠。1989年7月，省政府又要求各级政府建立农业发展基金，用于兴修小型农田水利及现有中小型工程配套。

1991年，河南省遭受了近50年来的特大旱灾，受旱面积高达7135万亩，汛期南部又暴雨频繁，洪涝灾害严重，损失巨大。省政府拿出上亿资金用于抗旱防汛救灾，耗费各级政府大量财力和精力，使人们更深刻地认识到水利基础产业在国民经济发展中的重要性。省政府于1992年3月14日颁布了《河南省水利建设专项资金筹集办法》，进一步动员全社会的力量，拓宽筹集资金渠道。仅此全省当年就筹集水利资金1.11亿元，其中也有我们水利职工个人每月交纳的 10 元钱。尽管我们所尽义务是微薄的，但对水利建设的作用却是巨大的。

同时自 1987 年以后，水利厅在全省开展水利建设评先竞赛活动。按照省政府颁布的《河南省农村水利建设实行以奖代补的评奖办法》，对评选出来的先进县奖励 10 万～20 万元，对先进个人奖励 0.6 万～1.0 万元。先后有 40 多个县、市享受到过奖励。1989 年 4 月 3 日，省政府批转省水利厅《关于我省农田水利达标晋级的意见》，对达标晋级的县，省政府发给证书和 20 万～50 万元以奖代补资金，先后有 10 多个县市获得殊荣。1990 年，省政府又专门发文在全省范围内开展"红旗渠精神杯"竞赛活动，对长期战天斗地在兴修水利工作中，保持自力更生、艰苦创业、团结协作、无私奉献的红旗渠精神，并取得优异成绩者，颁发"红旗渠精神杯"，是为农业战线的最高荣誉。自 1990 年起每年评比一次，奖杯流动，连续获奖 3 次者，奖杯不再收回。凡获杯或获牌的县，分别奖给"以奖代补"资金 15 万元和 10 万元，对获奖杯县有突出贡献的副县级以上领导干部由省政府表彰，二次获杯记功一次，三次获杯记大功并晋升一级工

"红旗渠精神杯"奖杯

资。相继有 20 多个县市，50 多名领导干部获得此荣誉。有效地促进了全省农田水利建设步伐和成效。

通过以上活动和办法，调动了基层干水利的积极性，水利建设环境有了很大改善。从中也看出水利发展开始从工程建设到制度机制、政策法规管理方面转变的端倪。1987 年后国家投入也在逐年增长，从 1987 年的 2.93 亿元，增长到 1992 年的 8.28 亿元。各市（地）县乡集资投入也从 1987 年 0.8 亿元增加到 1992 年的 1.8 亿元。全省有效灌溉面积明显增加，从 1988 年的 5871 万亩增加到 1995 年的 6066 万亩，旱涝保收田从 1988 年的 4071 万亩增加到 1995 年的 4819 万亩，除涝治理面积从 1988 年的 2500 万亩增加到 1995 年的 2574 万亩。

从中可以看出旱涝保收田面积增长幅度最大，说明水利投资的效益在增加。不少项目达到了当年建设，当年发挥效益的成效，涌现出了许多自愿集资兴办小型农田水利的典型。新郑县龙王乡实行有偿转让、以田代资等办法，从打井配套到经营管理都由农户自愿承包，每眼机井划给 2~6 亩养井田，不交提留，承包期 15~20 年不变，共回收资金 600 余万元，全部用于新建农田水利工程。长葛县实行"以资引资"的政策，利用 3 年来获得省奖给的"以奖代补"奖金 86 万元，加上自筹的 28.5 万元，再采用"以奖代补"的办法，引出乡村自筹和群众集资 2170 万元。郑州市管城区圃田乡大王庄，采用自愿储蓄集资，打机井发展灌溉，从增产效益中还本付息，基本做到了谁受益、谁负担。

夏邑县采用类似的办法，仅 1988 年一个冬季，就新配套机井 4800 眼。

水利投入方式的变革，不仅使水利投入不断增加，建设速度不断加快，社会效益越来越显著，而且还大大增强了全社会对水利重要性的认识，"水利为社会，社会办水利"的意识越来越被人们所接受，从各方面不断夯实水利是国民经济基础产业的地位看，其影响是非常深远的。

但是也同样出现了

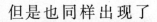
除险加固后的陆浑水库

许多新的问题。主要是水利大项目的投资较少，只能维持少量水库的除险加固和部分内涝河道治理。完成除险加固的水库只有薄山、南湾、昭平台、宿鸭湖、陆浑五座大型水库和尖岗中型水库；内涝河道的治理主要有卫河 140 公里河道清淤，虬龙沟 70.2 公里河道治理，新蔡县境洪洼地治理和沿淮圩区行洪区处理等工程。

再一方面，就是水利内部管理问题重重，尤其是对水利到底是产业还是公益事业的问题长期争论不休，没个定论。曾一度提出了水利产业化，把水管单位强行推向市场，财政断奶，工程管理费用严重短缺，职工工资没有保证，迫使水利事业单位创办经

济实体，开展综合经营。1984 年，水利电力部也提出了"两个支柱，一把钥匙"的指导意见，将改革水费和开展综合经营，作为水利工程管理工作的两大经济支柱，把改革开放政策作为一把钥匙。全省水利系统综合经营单位到 1992 年达到 2929 个，从事综合经营人数多达 5.4 万多人，创税后利润 6510 万元，而能用于工程维修管护的资金只有 800 万元。有些综合经营单位性质离水利工程越来越远，干脆做起来了宾馆服务、建筑、冶金机械加工等。但绝大多数都是越做越小，半途而废。如此一来，综合经营没能做起来，水价改革政策也没能兑现，水利工程再次走向带病运行，有些已经到了奄奄一息的地步。水管单位有水养不住鱼，浇地收不上来费，管理办公只能唱空城计。

全省水文系统还算不错，保住了全额供给的铁饭碗，但也只能是有钱吃饭，无钱干活。水文设施严重老化，测验手段日显落后，房屋墙裂顶漏。对社会的重要作用也只能停留在防汛的测报上，关键时候还得靠人拼，1982 年，北汝河发生特大洪水，水文设施全部冲毁，数名水文职工奋不顾身跳入滚滚洪流，抢测大洪水，才保证了防汛安全的工作需要。是年紫罗山水文站获得了全国抗洪抢险先进集体，刚从大学毕业的朱富军同志还荣获了"全国抗洪抢险劳动模范"称号。水文在这一阶段，基本处于勉强维持，举步维艰的地步。

时代的步伐进入新世纪之后，随着改革开放，城市规模和工业经济的快速发展，水资源出现供需矛盾，水环境恶化，饮用水安全受到威胁，水利工程老化失修等问题的日益突出，再一次引起了党和国家的高度重视，党和国家不断加大了对水利的投资，以除险加固，以保证防洪安全为出发点，以发展旱涝保收田，保证粮食安全为落脚点，逐步把水利的发展方向导向了民生安全、环境安全、国家安全的战略高度。"十五"期间，水利投资88.8亿元，"十一五"计划181.66亿元，实际完成247.6亿元，是计划的1.36倍。通过近期十余年的努力，基本完成了所有大中型水库和部分小型水库的除险加固，完成了重要行洪河道综合治理，恢复或新建了一大批农田灌区和供水工程等。尤其是关乎环境、民生的水利工程也逐渐在推进，水土保持力度在加大，农村安全饮水工程越来越多。到2010年，全省水土保持累计治理面积达到了4万多平方千米，解决农村12775个行政村、1736.87万人饮水安全问题，农村自来水普及率达到了36%。各县都先后建起了污水处理厂，中水得到再利用，2010年利用量达到了0.5亿立方米。

水文事业也得到了长足的发展。河南省紧紧围绕水利工作，不断扩展服务领域，在防汛测报方面，先后建立起了自动遥测测报系统，由过去的人工测报，发展到现在的自动测报，并在部分山区建设了山洪灾害预警报警系统；在豫东、周口、开封等平原地区建立了旱情及地下水自动监测实时传输处理系统，收到了良好效果。今后的重点是对系统进行维护和管理，保证运行管理经费的正常到位。此外，加快了水资源利用保护的监测步伐和力度，积极开展建设工程水资源论证、评价，编制年度水资源公报，不断完善水环境水质监测站点和水质监测中心建设，为水资源管理、水环境保护和用水安全等方面提供重要技术支撑。逐步理顺水文管理机构和资金投入机制，不断提高水文监测技术、能力和人员素质。

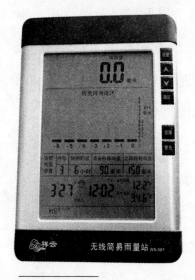

无线简易雨量站

经过数十年的不断努力，河南水利已经形成了一整套门类齐全的水工程体系。据 2010 年统计，全省共有各型水库 2361 座，其中大型水库 24 座，中型水库 108 座，总库容 366.2 亿立方米。修建加固各类堤防 1.6 万公里（不包括黄河干流），修建蓄滞洪区 15 处；建成各类水闸 2055 座，其中大型水闸 21 座，中型水闸 239 座；万亩以上的灌区 251 处，固定机电排灌站 9948 处，总装机 49.4 万千瓦，机电井保有量 124 万眼，治理易涝面积 2856 万亩，改良盐碱地面积 1047 万亩，全省有效灌溉面积达到 7549 万亩，旱涝保收田面积 3882 万亩，节水灌溉面积 2200 万亩；治理水土流失面积 4.35 万平方公里；小水电装机 35 万千瓦。各类供水工程年供水量达到 140 多亿立方米。兴建各类安全饮用水工程 6725 处，解决了农村 9789 个行政村、1223.69 万人的饮水不安全问题。

回顾新中国成立以来河南省 60 年的水利发展历程，大体经历了建国初期、"文革"后期及 20 世纪末期至今三个发展阶段和"大跃进"到"文革"初期及改革开放初期两个相对低迷的探索阶段，呈波浪式推进发展。这也符合一切事物发展的基本规律，就像我们常见的洪水，有高峰就有低谷。用比较通俗的话说，水利建设与发展也是一段一段向前走的。第一个发展阶段大体是围绕毛主席的两个号召，以建设防洪除涝工程为主线，先后建成了一大批以防洪除涝为中心的水利骨干工程，初步解决了淮河、黄河等重要河道的重大水害隐患；第二个发展阶段大体是围绕"以粮为纲""水利是农业的命脉"开展农田水利建设为主线，以改天换地，改造旧山河成为主要动力，以梯田化，水利化为主要目标，掀起了轰轰烈烈的"大搞农田水利""农业学大寨"群众运动，那种彩旗飘扬、战天斗地的场面至今还能历历在目；第三个发展阶段大体是以紧紧围绕水资源供需矛盾，水环境恶化，饮用水安全和水利工程老化失修等问题为主线，不断加大投资，以除险加固，保证防洪安全为出发点，把水利建设逐步引向了民生安全、粮食安全、国家安全的战略高度。通过近十年的努力，基本完成了所有大中型水库和部分小型水库的除险加固，完成了重要行洪河道综合治理，恢复或新建了一大批农田灌区和供水工程等。许多环境水利工程、水资源工程及民生水利工程、节水工程也逐渐进入到了人们的视野。这一切都昭示着水利建设理念和思路都有了历史性的大转变！水利既有自然科学的一面，也有社会科学的一面。社会离不开水利，水利是社会的水利，水利对人

类社会发展的作用，越来越重要了！在过去许多失误中，既有对自然规律认识不足的问题，也有主观头脑发热的问题和功利思想作祟的问题。认真总结经验，保持清醒的头脑，是每一个治水人始终必备的科学态度！

2011 年，中央 1 号文件，再一次吹响了水利大建设的号角，我们将迎来水利建设更加美好的春天。十二五计划投资有可能达到 2500 亿元，是十一五的 10 倍。下一步我们到底该怎么做？在未来的五到十年里，我们到底能拿出一个什么样的答卷，这就要考验我们水利人的智慧和能力了。

时代在招手，我们的明天一定会更美好！

第**5**章

水能支撑我们走多远

▶ **提要**

　　水是一切生物生存的基础，水生态文明是生态文明建设的核心组成部分。它既是一种资源，又是一个很重要的环境要素，它对于人类具有不可替代的重要自然属性。本章从河南省水资源现状入手，提出了水能支撑我们走多远的历史命题。"水可以载舟，也可以覆舟"，我们从沧海桑田的变迁中，更能认识到这样的至理之言：水可以兴国，也可以废国，可以利人，也可以害人。

　　河南省是一个水资源严重不足的省份，随着社会经济的快速发展，人们对水的掠夺性开发越来越明显，河湖污染，水环境恶化，放大了水资源的短板效应。治水数十年，修建了那么多的水利工程，可水的问题为什么反而越来越严重？一是数量不足的问题；二是认识不足的问题。过去总把水作为斗争或整治的对象，每一项水利工程的建设，无不夹杂着征服的快感！每一次开发利用，无不滋生着占有的满足感！每一次排污弃废，无不得意于排泄的舒服感！过去是城市乡村两重天，你有你的高楼，我有我的净土，农村支援城市，城市长大了，却把排泄转嫁给了乡下。上游砍伐森林，下游遭受水灾，凡此种种谁来负责？这不是道德不道德的问题，也不是觉悟不觉悟的问题，而是我们治水方针的问题，是我们指导思想的问题。

现在该是认清形势，转变观念，对水资源重新定位的时候了。水资源的重要性、独特性和严峻性，都在进一步告诫我们，只有把它作为有机的统一体，去爱护、保护、涵养，才能使他以健康的姿态，鲜活的魅力，去更好地服务于社会经济和人类的健康。

若按以往的发展模式，水资源迟早是要"枯竭"的。中原崛起，需要更多的水资源。可水从那里来？这就要从工程之外下工夫，要从社会科学角度来考量，要建立节水型社会。

水资源属国家所有，作为水行政主管部门，我们就要把水的来龙去脉搞清楚、弄明白，把所有的水作为有机的统一体，全部纳入管理范围，对一切非法的水行为，必须给予坚决的制止。水资源的脆弱就是我们水利的脆弱，水资源的健壮就是我们水利的健壮。未来水利不只是建立在水利工程上，而是要建立在对水资源的管理上。对于我们水利人而言，最大的悲哀不是遭遇了多大的洪水，而是置身于无水可"治"的尴尬境地。

面对水旱灾害，水资源危机，水环境的恶化，我们水利人就应该有一种"先水之忧而忧，后水之乐而乐！"的人生境界！只有把水问题解决好了，我们的工作才算做到位了！

说起水，恐怕谁都不陌生。人们都知道口渴了要喝水，手脏了要水洗，地旱了要水浇，失火了要水灭。人们离不开水，就像离不开空气一样，一刻也离不开水的滋养。但是你到底对水知道多少呢？

　　大家都知道河南是一个人口大省、农业大省，但绝不是一个水资源的大省！全省水资源总量只有 405 亿立方米，位居全国第 19 位。人均占有水资源量和亩均水资源量，分别相当于全国平均水平的 1/5 和 1/6。特别是豫北、豫东的 11 个市，人均水资源量不足 270 立方米，属国际上公认的水资源贫乏地区。但水同时还有它的两重性，一是它的有利性，人们离不开它；二是它的有害性，水多为患，水脏成害，人们唯恐躲之不及。

　　新中国成立后，毛泽东主席高瞻远瞩，更是把治理洪水灾害放在了重要的地位，先后发出了"一定要把淮河修好！""要把黄河的事情办好！"的伟大号召，在全国范围内掀起了水利建设新高潮。修水库、建河堤、挖涝沟、设滞洪，给我们最大的感觉似乎就是我们的水太多了。可当我们真正走进了水利，才知道我们同样面临着水少的问题。而且后者比前者更严重，更重要。

　　作为水利人不只是要解决水多、水浑的问题，还要解决水

脏、水少的问题。那么，河南省人均水资源量不足 400 立方米，到底是一个什么概念？我们到底缺水到了什么样的程度呢？

水是一切生物生存的基础。它既是一种资源，又是一个很重要的环境要素，不仅对促进经济发展，而且对改造和美化生态环境都起着举足轻重的作用。随着科学经济的飞速发展，水对人类社会的作用越来越显示出它那不可替代的重要的自然属性。

所谓水资源是指人类可以利用的、逐年可以得到恢复和更新的淡水量，它的补给来源是大气降水。全球大约有 14.5 亿立方千米的水，其中海洋咸水就占去 97.5%，留给人类的淡水只有约 0.36 亿立方千米。而且在这些淡水中除了大量冰盖、冰川和深层地下水外，留给人类能够开发利用的水就更是少之又少，大约只有地球总水量的 0.26%，还不到全球水总储量的万分之一。就我国而言，全国水资源量 28000 亿立方米，占全球水资源的 6%，仅次于巴西、俄罗斯和加拿大，居世界第四位，但人均只有 2300 立方米，仅为世界平均水平的 1/4、美国的 1/5，在世界上名列 121 位，是全球 13 个人均水资源最贫乏的国家之一。

由此可见，河南省乃至我国的水资源确实是极其有限的，而且还存在着分布极不均匀的特性。如果按照联合国制定的标准，人均低于 500 立方米为极度缺水，人均 300 立方米为维持适当人口生存的最低标准。那河南省就属于极度缺水的省份。尤其是豫北、豫东地区，连维持人口生存的最低标准也达不到！

由此可见，水资源紧缺程度已经成为制约河南省经济长期发展的重要因素。我们所要面临的真正危害不只是水多的洪水问题，而是严重的缺水问题了。

大家都记得 2008 年与 2009 年和 2010 年与 2011 年冬春之交的那两次大旱吧。这都是百年不遇的特大干旱，中原大地连续 140 多天无有效降水，河道断流、水库无水、麦苗枯萎、地皮干裂。这要是在过去就是赤地千里，饿殍遍地的惨象啊。为此，水利部门迅速启动了抗旱Ⅲ级、后来又增加到Ⅱ级、Ⅰ级。在全省掀起了抗旱浇麦的高潮。连国家总理都走到了我们的地头，亲自查看抗旱浇麦情况。在这两次抗旱工作中，我们发现了新的问题，那就是水源严重不足，许多机井因水位下降干枯，抽不出水来。为此省政府不惜动用上百亿的资金，来完成各类应急抗旱项目。两次大旱分别累计浇麦 9514 万亩次和 9740 万亩次。

大旱之年没有大灾，而且还保证了农业大丰收，2009 年全省粮食产量达 1078.4 亿斤，连续 5 年超千亿斤，连续 7 年创历史新高，连续 11 年居全国首位，为国家的粮食安全做出了积极贡献，受到了国家领导人的赞赏。在这两次抗旱战役中，水利部门可以说是功不可没的。但也从中印证了我们的水利设施还不够完善，水源短缺相当严重。4 年两次大旱，其频率如此之频繁，这也许是大自然给我们的强烈警示！作为普通老百姓，也许没有什么担忧的，他们看到的只是大旱之年没有大灾的结果。但对于我们水利人来说，决不能掉以轻心，高枕无忧。要知道我们是超量袭夺了地下水的储量，并在欠着历史的旧账的基础

上，欠新账。

从农业用水情况看，地下水用量占了绝对的比例，达到了70%。我们的主粮区又都集中在了平原，而平原的农业用水又主要是依赖于地下水，这就是造成部分地下水位不断下降的根本原因。在过去，豫东平原区的地下水埋深都很浅，稍稍一挖就能见到水。而现在有些地方已经到达了一二十米深，在豫西地区有些地方甚至达到了上百米。大部分地区地下水位呈现不断下降的趋势，个别地方还出现了严重的地下水开采漏斗。这是一个不祥的征兆。如果在我们水利人手里不能有效扭转地下水下降的趋势，势必给我们的子孙后代带来巨大的灾难。长此以往，会不会无论你的水井打多么深，总有取不出水的时候？抑或取出的水也可能是苦水了。到那时我们水利人就不再是什么兴利除害的功臣，而是成了不可饶恕的罪人。

目前，河南省虽说有2300多座大、中、小型水库，250余处万亩以上的大中型灌区，120多万眼灌溉机电井，1万多处固定机电灌站，其供水总能力可达到260亿立方米，但这都是要有丰富的水源做保证的。就实际情况看，这些工程多年平均供水量已经达到了240多亿立方米，其中地下水利用量多达130多亿立方米。就水资源利用程度而言，地下水利用率超过90%，已经到了严重超采的地步。地表水利用率超过20%，豫北地区超过50%，也已到了可开发利用的临界值。

一个人体内70%都是水，正好和地球表面水体的比例相当。

人没吃的可以维持 7～10 天，但没水只能维持 3～5 天。人失水会害病，甚至会危害自己的生命，地球如果失了水，也同样会"害病"。地面沉降、含水层疏干、河水断流、泉水断涌、湿地萎缩、土地沙化，等等。对这一系列生态环境问题，如果不能得到及时有效的治疗、滋养，必将给河南省经济社会的可持续发展与生态环境构成极大的威胁和危害。这与构建和谐社会的要求也是极不适应的。

对于一个地区乃至一个国家，有充足的水就意味着繁荣和昌盛，没有水则代表着贫穷和灭亡。对于我们水利人而言，最大的悲哀不是要面对多大洪水的磨难，而是面临根本无水可治的尴尬。

随着科学技术的飞速发展和国力的不断增强，我们也似乎敢对洪水说"不"了。平均每年国家在黄河大堤上的投入都在数亿之上，就是筑一道铜墙铁壁也不是不可能的。所以现在的人们也敢渐渐地藐视洪水了。可让我们感到尴尬的是，我们用了数十年好不容易把"三年两决堤"的黄河打造得"固若金汤"了，可它却突然学会了对人的幽默，对我们开起了不小的玩笑：开始断流了！从 1972 年到 1997 年，25 年间居然有 21 年发生断流。断流河段由河口一直上延到了河南省，长达上千公里。1997 年，山东利津段断流 13 次，累计 226 天。仅直接的经济损失就达数百万元之多。黄河没了水，那将是多么可怕的后果！北方缺水，国都告急，人们不得不从长江分三路进行调水。不难看出，自从

20世纪70年代开始，水荒正在逐步取代着水患。

洪水可以摧毁城市，淹没良田，而干旱缺水、水环境恶化，也同样可以摧毁人们赖以生存的家园。古今中外有多少人类文明的国度和大都市都被泯没于茫茫大漠之中！古罗马的庞贝城、巴比伦空中花园等，不都是最好的证明吗？

干旱引起河道断流

"青海长云暗雪山，孤城遥望玉门关。黄沙百战穿金甲，不破楼兰终不还。"对于王昌龄的《从军行》这首诗，恐怕很多人都不陌生，但要问古楼兰在哪里，恐怕是知之甚少。楼兰，是中国西部的一个古代小国，大约建国于公元前3世纪。国都楼兰城，是历史上丝绸之路南线上的一个枢纽，中西贸易的一个重要中心。在西汉时，人口达14000多人，楼兰城内街道整齐，佛寺雄伟，商旅云集，何等繁荣景象！可曾几时何，这座辉煌了近500年的古国重镇，连同那个王国一起烟消云散。直到1600多年后，人们才从10多米厚的流沙中，发现了它那宏大的遗迹。黏土与红柳条相间夯筑的城墙，塌陷了的圆顶佛塔，汉文刻就的文书、还有丝毛织成的布匹。据考证，古楼兰城消亡的主要原因就是滥砍滥伐致使水土流失、风沙侵袭、河流改道、严重断水，渐渐失去了人们赖以生存的环境，加上频繁的争战与瘟疫，加速了他们的毁灭和消亡。

有人预测，说未来的战争将是为水而起的战争，其实在我们的国土上，早在几千年之前就有因水而战的例子了。古代那些游牧部落之间的争来斗去，名义上是为了地盘，实质上是为了水，有水就有丰美的草原，有丰美的草原就有了一切。

滚滚长江东逝水，浪花淘尽英雄，古今多少事，都在兴废中。水体污染，河水断流。黄河亦是如此，其他的河流又何尝不是如此！当她们串起了一个个灯火辉煌的文明城市，当她们浇灌出沿途无数美丽的花园和农田，当人们一个个都沉浸在自己的安乐窝里享受着天伦之乐的时候，谁会想到他们自己却在不知不觉地毒害着赖以生存的河流。一个工厂，一座城市，做好了是创造财富、提供祥和的天堂；若做得不好，就会成为一个个侵害河流环境的毒瘤。污水不能得到有效的处理和控制，直接危害的就是我们赖以生存的河流湖泊的水体，污染了我们的河道和湖泊，日益紧张的水资源就会更紧张，我们的生存环境就会更恶化。这就形成了水资源利用上的恶性循环。2011 年 3 月 12 日，日本发生了 9.0 级大地震，破坏了福岛核电站，造成了核泄漏事故，核污染的废水直接渗进了土壤里，排到了海洋里，整个北半球都检测出了它的辐射物，引起了全球的关注和谴责。一个城市和工厂，如果不切实处理好自己的排泄物，任其废水外排的话，无异等同于一个个小的"核"事故。尽管排出的危害物不同，但其危害的实质是一样的，都是人类自己给自己制造的灾难。

河南省地跨四大流域，有 12 个水系，65 条主要河流。目前就有 44% 的河道内的水体遭受严重污染而失去水体的基本功能。更为严重的是污染了的地表水慢慢下渗到地下，又导致了大面积浅层地下水的污染，造成 3000 多个村庄用水不安全和吃水困难，水体污染反过来更加剧了水资源短缺矛盾。

河南省总人口突破 1 亿大关，成为全国人口最多的省份。有耕地 687.5 万公顷，被国家誉为"粮仓"，肩负着国家粮食安全的重任，这都对我们的水资源提出了更高的要求。

再看看我们的河流和水量分布。河南省分属长江、淮河、黄河、海河四大流域，横跨我国地势第二、第三阶梯的过渡地带，西部高东部低，地域辽阔，地形复杂。在 16.7 万平方千米的土地上，山地和平原几乎平分天下，各占了一半。太行山、小秦岭、崤山、熊耳山、伏牛山、桐柏山和大别山构成了河南地貌的脊梁，豫西灵宝境内老鸦岔山峰最高海拔达 2413.8 米，其中分布着 10000 平方千米以上的河流就有 9 条，1000～10000 平方千米以上的河流就有 51 条；100～1000 平方千米以上的河流多达 493 多条，是洪水的主要发源地，也是地表径流的主要发源地。

东部辽阔的平原，地势平坦，海拔均在 200 米以下，最低处固始县淮河出境处海拔 23 米，是我们的主要产粮区，也是河南经济的重要根基所在。同时由于河道平缓，泄洪能力低，也是易发洪涝灾害的主要区域。

河南省属于亚热带向暖温带过渡地区，大陆性季风气候决定了我们这里是：春季干旱风沙多，夏季炎热雨集中，秋季温和日照长，冬季寒冷雨雪少的重要特征。这样的地理气候和特殊的省情，决定了我们水资源的特殊性，存在着众多的不利因素。首先是我们的水在不断地减少，这一点我们已经感觉到了。记得小时候，所看到的河流都是流淌着汤汤清水，可以看到一群群洗衣服的妇女和摸鱼的小孩在河边玩水嬉闹的欢快场景，现在的境况是大都变了，河水减少了，断流了，水质污染了，鱼儿不见了，几乎看不到那些玩耍戏水的情景了。驻马店新蔡、汝南等地，20世纪五六十年代，那里还有众多的船民，以摆渡航运为业，现在水小了，没人摆渡，船民只好迁徙到了南方和大型水库里去谋生。知道点历史的人也都会知道，洛阳作为九朝古都，万船云集，漕运四通八达，向南可通过洛河、黄河、运河到苏杭，向北可横跨黄河到冀燕，西可溯黄河、渭河到西安，东可顺水而去到大海。这样的盛况景象无不是靠充足的水支撑起来的。即使到了新中国成立初期，洛河还可以从卢氏放筏到洛阳，那里依然是一派千帆竞发的繁忙景象。

而今这一切俱往矣！研究数据也充分印证了这样的一个事实。河南省1980年以后的平均水量确实是比以前减少了近一成。而且，年际丰枯

1991年淮河大水

悬殊非常大。1964 年全省地表水量为 738 亿立方米，而最少的 1966 年却仅为 103 亿立方米，丰枯相差 7 倍以上。而我们的东部、北部平原区的丰枯差别普遍超过 20 倍，最不可思议的是海河流域徒骇马颊河竟然相差近千倍（970 倍），最小的大别山的部分河流也相差在 6 倍左右。

即是在同一年，也常常发生南涝北旱或北涝南旱的极端情况。1991 年，洪汝河以南的豫南地区发生较大洪水，年水量比多年平均偏多了 60% 以上，而沙颍河以北地区却为枯水年，年水量又比多年平均减少 50% 以上，致使河南省中北部的山区人畜饮水和城市供水发生严重危机。1975 年，洪汝河发生了特大洪水，豫南和豫西山区普遍出现较大洪水，地表水资源量比多年平均普遍增加 30% 以上，但是，豫东、豫北平原却出现了严重旱灾，当年地表水资源量比多年平均减少 60% ～70% 以上。

再就是时空分布严重不均。先说时间上，全省多年平均河川径流量 304 亿立方米，60% ～70% 都集中在了汛期 6—9 月的 4 个月上，在冬春之季的 4 个月，河川径流量所占比例仅有 10% 左右。最大与最小年径流量相差悬殊，普遍相差 10 ～30 倍。汛期水多，遇到大水，多得不得了，滚滚洪流你不得不费劲脑汁地想办法让它尽快地流出去；非汛期水少，一遇干旱，嗷嗷待哺，你又要千方百计的要水来解渴。

再说地域上，全省多年平均降水量 780 毫米，呈现南部大于北部，西部多于东部的分布趋势，南部山区 1400 毫米，北部平原区 600 毫米。地表径流分布基本与降水量相一致。豫南淮河干流以南山区河川径流最丰富，若用地表水资源量来表示的话，淮河干流南岸区王家坝以上多年平均值为 57.5 亿立方米，王家坝以下为 20.5 亿立方米；豫北东部徒骇马颊河平原最贫乏，多年平均仅为 0.5 亿立方米，折合径流深只有 28.4 毫米。地表产流系数最大地区是最小地区的 20 倍。

再一个不利的因素就是，河南基本处于河流的最上游，河川径流多为自产自用，没有过多的过境水可调剂。可利用的过境水只有黄河，全流域分给河南省的用水指标只有 55.4 亿立方米。而河南的降雨，除了自己能够利用的，还要考虑下游的需要，淮河多年平均出境量在 157 亿立方米，海河的出境量为 19 亿立方米，长江的出境量为 70 亿立方米，其中可以开发利用的潜力空间都已很有限了。

还有一个不利的因素就是河流污染问题。河南省河流大体可以说是到了三分天下的局面，好、坏、差各占了三分之一。除了河流上游和源头外，几乎找不到没有不被污染的河段和水体。在全省 482 个水功能区中，有 60% 没达标，这些河段基本都是集中在城镇附近区域内。

以上这些境况既有天道使然，也有人类活动的因素。天道不可违，人也胜不了天，人类只能在天道之内求生存，求发展。

再来看看地下水。一般概念的地下水，是指存在于地面以下的重力水。有深层水和浅层水之分，最深的水可以达到数千米乃

至数万米，当这些深层的地下水与地热发生交换，并从地壳破裂带的裂隙中流露出来的时候，就形成我们常见的温泉。但绝大多数的深层地下水都是永久封存在地壳的裂隙里，通常情况下并不与地面水体相交换。只有那些浅层的地下水才会与地面水发生着密切的联系。

地下水与我们所说的地下水资源并不是同一个概念。地下水资源一般是指在一定期限内，能提供给人类使用的，且能逐年得到恢复的地下淡水量。降水入渗和地表水渗漏是其主要补给来源。地下水资源是水资源的一个组成部分，主要受到水文气象、地形地貌、水文地质条件、植被、水利工程等因素的影响。

地下水资源与其他流体矿藏也不同，地下水的储存量经常处于流动中，但速度极为缓慢，甚至一年里也流动不到一米远。当补给和排泄处于平衡时，地下水储存量也就保持不变；当补给呈周期性变化时，储存量也相应发生变化。储存量的大小，主要取决于含水层的塑性。

地下水资源和地表水是可以相互转化的，当地下水经过自动运移，从某些低洼的地方再次流露出来，就成了地表水体的源泉。这在山区更为明显，多以泉水的形式表现出来。严格来说，非雨季节的河道径流都是降水入渗地下水转化而来的。我们把降水、地表水和地下水的这种相互转化现象称为三水转化。

一个地区的地下水资源丰富与否，首先和地下水所能获得的补给量与可开采的储存量的多少有关。在降雨量充沛的地方，在地质条件适宜的情况下，地下水往往能获得大量的入渗补给，地下水资源就丰富。否则，在雨量稀少干旱地区，地下水资源就相对贫乏些。

但降水入渗形成地下水的过程，可以发生在现在，也可以发生在过去的地质年代里。因此在某些现在非常干旱的沙漠地区，也可能找到相当大的地下水储存量。

平原区地下水，天然条件下埋深都较浅，如果不能及时排泄的话，水位过高就会引起土地盐碱化。我们在看县委书记好榜样——焦裕禄同志事迹时，重要的一条就是治理盐碱地。那就是地下水位太高所造成的。

据全省第二次水资源评价结果，全省多年平均地下水资源量是 196 亿立方米。其中大约有三分之一是山丘区的河川基流，只有三分之二才是存储于平原区的真正地下水资源，约 125 亿立方米的样子。其主要来源就是天上的降水入渗，占了 80%，其次是过境河流补给的，约占 20%。所以说地下水资源量主要取决于大气降水的补给量。根据水文部门的分析研究结果，淮河干流平原区的地下水资源量，每平方公里范围内大约有 20 万～25 万立方米，局部可达 25 万～30 万立方米。

淮河北部各支流平原区如洪汝河、沙颍河等流域，每平方公里范围内大约有 15 万～20 万立方米。豫东平原中部许昌—商丘一带基本在 10 万～15 万立方米。

黄河两岸地区，由于受大量引黄灌溉的渗漏补给影响，地下

水资源量要稍大些，每平方公里一般在 15 万 ~ 20 万立方米之间，郑州与开封一带因表层土以粉细砂居多，每平方公里达 20 万 ~ 25 万立方米。

豫西伊、洛、沁河谷两岸和南阳盆地因河道渗漏补给量很大，每平方公里高达 30 万 ~ 50 万立方米，属全省地下水资源最丰富的地带。而三门峡河谷地区，因地下水埋深大，降水入渗补给缓慢，每平方公里只有 5 万 ~ 10 万立方米。

一般情况下人们都会认为地下水是最干净的水源。但随着河道污水和大面积使用化肥、农药等面源污染入渗影响，地下水被污染的趋势已经在很多地方开始蔓延了。据水文部门监测结果，全省地下水保持原生态的只有 3%，水质较好的有 45%，较差和很差（V 类）的占到了 52%。只要你沿着平原河道两岸走一走，就会发现抽出来的井水都发黏，喝了就会拉肚子，群众吃水都成了大问题。

时下，城市里的人们是越来越注意改善生活环境了。凡是有河的城市和县城里都在大搞水面工程，美化环境。他们用橡胶坝把河水拦起来，形成人工湖，建设生态园林，猛地看过去个个婀娜多姿，满面春光，可骨子里还都有"高血脂""糖尿病"的隐患，老远地就能闻到刺鼻的瘴气味。经济能力强的都在做透析，建起污水厂，切除毒瘤；经济能力差的，只能看看中医，换换药汤，保守理疗；没有经济实力的，只好精神疗法，自我安慰安慰。有道说病来如山倒，病去如抽丝。无论怎样的疗法，都非一日之功，该下猛药时必下猛药，该保养时还得保养，最不该的是把病毒传染给了别人。过去是城市乡村两重天，你有你的高楼，我有我的清流，享受不到你的荣华，却还有自己的一片净土。过去是农村支援城市，把城市支援强大了，城市却把自己的污染转嫁给了乡下。上游不让砍伐森林，减小水土流失和大洪水，谁是最大受益者？是下游，是比较富裕的地方。可上游的乡民，不让砍自己山上的柴他们没烧的，不让伐自己种的树他们没钱花，这样的困难到底由谁来解决？这样的损失到底由谁来负责？都最终需要国家政府来统筹解决。

水是生命之源、生产之要、生态之基。兴水利、除水害，事关人类生存、经济发展、社会进步，历来是治国安邦的大事。当我们了解了水资源家底之后，我们常想全省就这么点水，它到底能支撑我们走多远！它到底能不能支撑起中原崛起的历史使命，能不能保全国家粮仓农业用水的需要，能不能实现有限水资源的可持续利用，这才是我们水利人必须要面对的现实问题，也是必须要认真回答和解决的实际问题！以郑州市为例，多年平均水资源量 13.18 亿立方米，按 2010 普查人口 860 万人（包括流动人口）计算，人均水资源量只有 153.3 立方米，人均实际用水量却为 203 立方米，其中 65% 的用水量是靠外来水实现的。郑州市作为中原经济区的中心大都市，在中原崛起中必定扮演着重要的角色。关于郑州市的水资源承载能力问题，现在研究的人很多，真是仁者见仁，智者见智。而我们却想以最简单的方式来说明水资

源的短缺程度。但凡到过欧洲的人都会对那里的生态环境大加赞赏，其根本原因就是那里的水多，水干净。他们的人均水资源占有量在10000立方米左右，是河南省的20多倍，而且没有旱涝不均之忧。郑州市无论要发展多大的规模，并且要达到一个适合人居的好环境，最终还是要靠水资源来说话。即使按不缺水的国际标准，人均水资源量就得1000立方米，未来1000万人的大郑州，就需要100亿立方米的水，500万人的大郑州，也得50亿立方米的水。这已经远远超出了全郑州市的水资源总量。就当下实际用水量中就有10多亿立方米是外来水，将来还要增加那么多的水，到底要从哪里来，是必须要加以认真研究的问题。否则，发展大郑州必将受到水资源承载能力的制约。

2011年中央1号文件，把水利事业的发展提高到了事关经济社会发展全局的战略高度。水利是现代农业建设不可或缺的首要条件，是经济社会发展不可替代的基础支撑，是生态环境改善不可分割的保障系统，具有很强的公益性、基础性、战略性。它不仅关系到防洪安全、供水安全、粮食安全，而且关系到经济安全、生态安全、国家安全。省委、省政府也以1号文件对我省水利改革发展进一步做了全面的部署。从中央到省委都以头号文件专门部署水利的发展和建设问题，这是新中国成立以来的第一次，也是水利发展史上的第一次，对于加快水利现代化步伐，实现水利事业的跨越式大发展都具有十分重要的意义。可以毫无疑问地说，我们水利的又一个春天到来了！

7661.29 万亩水浇地要保证灌溉，90% 的农村居民要用上自来水，万元工业增加值用水量要降到 34.3 立方米，主要水功能区水质要改善，漏斗区地下水开采要遏制，等等。这一项项具体的任务和目标，全都集中到了一点上，那就是保障用水安全，改善生态环境！

要在 5～10 年内，从根本上扭转河南省水利建设明显滞后的局面，这是党和国家赋予我们水利人的光荣而艰巨的任务。既是社会形势的严峻挑战，更是水利事业空前发展的大机遇。中原崛起，河南要大发展，这已经成为势不可挡的历史潮流。工业要发展，城市要扩张，农业要保全，人民要安康，这一切无不对水利提出了更高的要求。10 年乃至 20 年后，全省 GDP 将要比 2010 年的 2.29 万亿元翻两番，那么到底还需要增加多少的用水量，到底要怎么用，更是我们必须认真研究的新问题。

城市化问题，让我们面临一个相当大的水资源供需缺口，这个大的缺口到底怎么补，水从哪里来？除了建设新的供水工程外，要想从根本上解决用水安全问

新密大鸿山节灌项目区

题，还是要在工程之外下工夫，要从社会科学角度来考量。只有建立发展节约型社会，走出调整、限制、节约、优化发展的新路

子，用水安全才能够得到有效保证。

先说限制，调整。就是要调整产业结构，坚决关闭或限制高耗水企业，大力发展节水型企业和第三产业。火电、钢铁、造纸、纺织、酿酒等都是高耗水企业，有必要加以限制，关停高耗水小型企业，保证重点企业，限制新批企业。前些年，各地政府都在积极争取核电项目，河南作为内陆地区，水资源本身就已经相当匮乏，能不能支撑起核电安全的"保护伞"，是很值得深入研究探讨的问题。在这方面我们一定要冷静、慎重的对待。说句不客气的话，核电我们"惯"不起！

再说节约、增效。水具有再生和重复利用的属性。节约和重复利用是开源节流的主要途径。在工业里改进用水工艺，提高水的重复利用率的潜力还比较大；对输水环节重点是在防渗上下工夫，目前许多城市自来水管网系统跑、漏、冒损失率在15%左右，农业灌溉水利用系数只有0.57，渠道渗漏蒸发损失率在40%～50%。

修武县郇封镇地埋管道节水灌溉工程

农业灌溉大多还是漫灌，全省节水灌溉率只有30%，用水量大约在130亿～150亿立方米，占了总用水量的一半还要多，平均每亩用水量在200立方米左右，稻田用水就更多。以色列是世界上节水灌溉最发达的国家，现代化的智能滴灌、渗灌系统，每亩用水量只有几十立方米。如果能把我们的用水定额降低到 130 立方米，就可节省出来 50 多亿立方米，相当于黄河分配给我们的总水量。

城市生活用水同样存在着一定的节水潜力，要大力开展新式马桶的研发创新，积极推广清洁马桶，如果每次冲水能少用一碗水，就是个不小的数字。工业用水要把重复利用率提高到 75% 以上，万元工业增加值用水量，如果能从现在的 52 立方米，降低到省委 1 号文件所要求的 34 立方米以下，就可节省用水 18 亿立方米。

再就是大力提高中水利用水平。目前全省废水排放量在 47 亿立方米，中水利用还不到 1 亿立方米。一座城市是一个用水系统，假如其进水量为 1 亿立方米，其排水量就大约在 0.7 亿立方米，如果 60% 的中水得到再利用，那么 1 个亿立方米的供水量就可以变成 1.42 亿立方米的供水量，如果再次重复利用一次，那么就可以变成 1.60 亿立方米的供水量，并且还可减轻河道的直接污染。

水不仅是一种资源，同时还是可以流动的动态资源。河道、水库、湖泊以及地下含水层都是它们的载体，地上地下既是不同的存在形式，又是相互联系的统一体。既有地缘属性，又有互为依赖的属性。洪水期下游是上游的出路，枯水期上游又是下游的源泉。地表水可以转化为地下水，地下水又可以转化为地表水。过去曾经把地表水与地下水割裂开来，把城市用水和农村用水

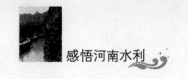

分开来管理的模式是相当不科学的，至少是不够严谨的。

各级政府必须下大力气改变多龙管水的局面，在水资源统一管理上下真功夫、实功夫，这是国家和人民赋予的神圣职责和历史使命。建立起供水、用水、节水、排水、污水处理回用一体化的管理新体制。无论统一管理的道路有多么的艰难，我们都必须坚定地走下去，无论这条道路上有多大的阻力，有多少障碍，我们也都必须义无反顾地冲破它。因为这是没有任何退路可言的选择。

水资源的脆弱就是国家、社会的脆弱，水资源的健壮就是国家、社会的健壮。未来水利的发展不仅仅是建立在水利工程上，更重要的是建立在对水资源的管理上。只有实行最严格的水资源管理制度，确立水资源开发利用总量控制、用水效率控制和水功能区限制纳污"三条红线"，坚持人水和谐，坚持改革创新，全面推进水利综合执法，严格执行水利事业综合规划，建设工程水资源论证、取水许可、洪水影响评价、水土保持方案等制度。力求实现水资源的优化配置，以达到水资源的可持续利用之目的。

过去我们基本上都是把水作为孤立的"斗争"和"整治"对象，作为一味索取的对象。洪水是猛兽，洪涝是灾害，建水库，修堤防，无不夹杂着一种征服的快感！找水源、建渠道、设管道、大肆开发和利用，无不滋生着一种占有的满足感！只管用不管排，肆意排污浊流，无不得意于一种排泄的舒服感！现在该是认清形势，转变观念，对水资源重新定位的时候了。水资源的重要性、独特性和严峻性，都在进一步告诫我们，只有把它作为有机统一体，去爱护他、保护他、医治他，才能使他以健康的姿态、鲜活的魅力，去更好地服务于社会、服务于经济建设、服务于人类的健康。

仁者乐山，智者乐水。作为与水打交道的水利人，就要成为智者，有种忧患之意识，怀柔之心态，宽容仁厚，不役于物，不伤于物，用仁爱之心去善待于水，爱护于水，保护于水。大凡人之与生俱来，就有喜水之性，胎胞之初，就在温馨的羊水海洋里漂浮。人们的这种亲水情结，更以文化符号，无时无刻不浸透在我们的日常生活之中。孩童嬉水，老叟垂钓，人文景观，莫过近水。

岳阳楼

"南朝四百八十寺，多少楼台烟雨中"。我国的四大名楼，岳阳楼、黄鹤楼、鹳雀楼和滕王阁，都无不临水而立。站高望远，心旷神怡。站在岳阳楼上，面对浩瀚无际的八百里洞庭湖，总不忘身后墙壁上所挂立的《岳阳楼记》，总不忘一代先贤范仲淹所阐发出的那句旷世名言："先天下之忧而忧，后天下之乐而乐！"这是仁人志士所要追求的人生最高境界！当我们看到赖以生存的江河在一天天地憔悴，湖泊在一天天地萎缩，水资源危机四伏难以为继的时候，我们水利人又该胸怀什么样的境界呢？那就是"先水之忧而忧，后水之乐而乐！"若非如此，何当以忍矣！

第**6**章

像薪火传递一样传承治水精神

▶ 提要

　　精神财富，是最为宝贵的财富。治水精神是一代又一代水利人在治水实践中，不断升华提炼出来的。没有继承，就没有发展。治水精神也同样需要像薪火传递一样去传承，才能坚持和发扬。在治水史上，李冰父子的精益求精、顺势而为；"召父""杜母"的实干求变、为民请命；"大王"柳毅危急关头的勇于献身；"民族英雄"林则徐的不计荣辱、专心做事；上将"水官"冯玉祥的为官一任、造福一方；县委书记杨贵的坚韧不拔、艰苦创业，都从不同侧面，丰富和发展了治水精神。

毛泽东同志讲过，人总是要有点精神的。做人如此，想要搞好条件艰苦的水利建设，更要如此。人生如白驹之过隙，忽然而已。水利建设也是一代人一代人在向前推进。不管一个人从事水利工作再多年头，放到人类治水的长河里来看，都是微不足道的。但人类从先祖开始在治水实践中生成、提炼、升华的治水精神，却是中华民族特别是水利人最宝贵的财富。水利工作思路需要时时创新，不变的是要像薪火传递一样对治水精神的传承。

　　在水利史上，留下许多唱大风的治水风流人物，他们手上创建的惊天地泣鬼神、巧夺天工的水利工程，或已被风雨销蚀，但他们用汗水甚至生命凝结的像明珠一样的精神瑰宝，却越来越璀璨夺目。这些封存在不同历史阶段记忆舱底的明珠，串起来就是激励每个水利人的最珍贵的宝石项链。

千军万马上太行修建红旗渠

精益求精，顺势而为的李冰父子。建于公元前256年的都江堰，是中国战国时期秦国蜀郡太守李冰父子率众修建的一座大型水利工程，是全世界至今为止，年代最久、唯一留存、以无坝引水为特征的宏大水利工程。2200多年来，一直发挥巨大效益。

古代蜀地（今四川）非涝即旱，有"泽国""赤盆"之称。发源于成都平原北部岷山的岷江，沿江两岸山高谷深，水流湍急；到灌县附近，一马平川，水势浩大，往往冲决堤岸，泛滥成灾；从上游挟带来的大量泥沙也容易淤积在这里，抬高河床，加剧水患；特别是在灌县城西南面，有一座玉垒山，阻碍江水东流，每年夏秋洪水季节，常造成东旱西涝的局面。秦惠王九年（公元前316年），秦国吞并蜀国。秦为了彻底治理岷江水患，将蜀地建成其重要基地，决定派精通治水的李冰任蜀守。李冰是个有心人，对天文地理特别是河流、计算颇有研究。作为有作为的秦惠王，选李冰主政蜀地，肯定对此是有所考虑并寄予厚望的。李冰对这一点，也应该是清楚的。为了当地百姓，也为了报答秦惠王的知遇之恩，李冰一到任，即全身心投入到水患的治理中，经过实地调查，决定修建都江堰以根除岷江水患。李冰发现，原蜀国国相开明所凿的引水工程渠首选择不合理，因而废除了开明开凿的引水口，把都江堰的引水口上移至成都平原冲积扇的顶部灌县玉垒山处，这样可以保证较大的引水量和形成通畅的渠首网。李冰修建的都江堰由鱼嘴、飞沙堰、宝瓶口及渠道网所组成。鱼嘴是在宝瓶口上游岷江江心修筑的分水堰，因堰的顶部形如鱼嘴而得名。"鱼嘴"在岷江上游，把汹涌而来的江水分成东西两股。西股的叫外江，是岷江的正流；东股的叫内江，是灌溉渠系的总干渠，渠首就是宝瓶口，流经宝瓶口再分成许多大小沟渠河道。飞沙堰是一个溢洪排沙的低堰，作用是当内江水位过高的时候，洪水就经由平水槽漫过飞沙堰流入外江，以保障内江灌区免遭水淹。同时，由于漫过飞沙堰流入外江的水流的漩涡作用，能有效防止泥沙在宝瓶口前后的沉积。宝瓶口是控制内江流量的咽喉，不仅是进水口，而且以其狭窄的通道形成一道自动节水的水门，对内江渠系起保护作用。宝瓶口"崖峻阻险"，是整个工程的关键点和难点。李冰父子注重学习先人成功的经验"乃积薪烧之"，这才劈开玉垒山，凿成宝瓶口。而"积薪烧之"，就曾经是大禹在开凿砥柱岩时所使用过的。李冰讲"继承"，更讲结合实际创新。在修筑分水堰的过程中，采用江心抛石筑堰失败后，他创造了竹笼装石作堤堰的施工方法。唐李吉甫《元和郡县志》载："犍尾堰（都江堰唐代之名）在县西南二十五里，李冰作之以防江决。破竹为笼，圆径三尺，长十丈，以石实之。累而壅水。"蜀地遍野是竹子，就地取材，可以大量节省工程开支，维修也简单易行。从实践结果看，笼石层层累筑，既可免除堤埂断裂，又可利用卵石间空隙减少洪水的直接压力，从而降低堤堰崩溃的危险。岷江水流湍急，下去测量水位不但浪费时间，还随时会有生命危险。李冰"作三石人，立三水中"，用石人测量岷江水位。

鱼嘴、宝瓶口、飞沙堰三项工程是有机的整体，互相配合，相辅相成，缺一不可。加上百丈堤、平水槽、人字堤、马脚沱、节制闸等附属设施，构成了一套科学、完整的排灌系统，达到了"分洪以减灾，引水以灌田"的治水目的。

都江堰即使放在现在看，也是一处浩大的水利工程。清宋树森在《伏龙观观涨》一诗中，这样描写："我闻蜀守凿离堆，两崖劈破势崔巍，岷江至此画南北，宝瓶倒泻数如雷。"

李冰父子在修建水利工程时，特别强调"实用"，能切实造福于民，与许多时下的形象工程，思想境界有云泥之别。宝瓶口之后，"又开二渠，由永康过新繁入成都，称为外江，一渠由永康过郫入成都，称为内江"。这两条主渠沟通成都平原上零星分布的农田灌溉渠，形成了规模巨大的都江堰水利工程的渠道网。

为了便于民工记忆，他将岁修的原则，总结成"深淘滩，低作堰"这样的顺口溜。所谓深淘滩就是把河床淤积的泥石清除出去，使河床保持适当的深度，保证汛期顺利行洪。低作堰，就是指每年整修飞沙堰时，不能存"一劳永逸"的偷懒想法，堰顶不能筑的太高，免得托顶抬高水位，"至秋水"来临"滥伤禾"。真是把能想到的，全都给想到了。

除都江堰外，李冰还主持修建了岷江流域的其他水利工程。如"自湔堤上分羊摩江"等。成都平原能够如此富饶，被人们称为天府之国，李冰修建都江堰立下伟功。司马迁这样公允评价，都江堰建成，使成都平原"水旱从人，不知饥馑，时无荒年，天下谓之'天府'也"。1955 年，郭沫若到灌县时，题词："李冰掘离堆，凿盐井，不仅嘉惠蜀人，实为中国二千数百年前卓越之工程技术专家。"水利的开发，使蜀地农业生产迅猛发展，成为闻名全国的鱼米之乡。百姓心里有杆秤。李冰父子千百年来一直受四川人民崇敬，二王庙从古至今香火鼎盛，每年的清明节，当地的居民都会在二王庙举行祭祀活动和开水（岁修完工后放水）典礼。李冰还被尊称为"川主"，各地修有"川主祠"，以表达对他的怀念。

实干求变，为民请命的"召父""杜母"。 在河南西南部南阳盆地，因文化积淀深厚，世代出过不少名人。但因没有灌溉设施，丰水年无法排，遭水患；枯水年不能引，遭旱灾，百姓的日子，并不好过。让南阳郡出现"比室殷足"景象的，是召信臣和杜诗。当时，南阳百姓中曾流传这样一首民谣《召父杜母》，其中一句是，"前有召父，后有杜母"。人们以极其崇敬的心情，怀念这两位为民治水兴利的"父母官"。

召信臣是西汉人，年幼时勤奋好学，以明经科的甲

凌空除险修建红旗渠

等成绩被选为皇帝的侍从——郎中。西汉元帝建昭五年（公元前34年）时，召信臣被任命为南阳郡太守。据《汉书》记载，南阳郡太守召信臣"好为民兴利，务在富之。躬劝耕农，出入阡陌，止舍离乡亭，稀有安居时。行视郡中水泉，开通沟渎，起水门提阏（音è）凡数十处，以广灌溉。岁岁增加，多至三万顷。民得其利，蓄积有余。信臣为民作均水约束，刻石立于田畔，以防纷争。""吏民亲爱信臣，号之曰'召父'"。在农耕时代，百姓穷富全都要依赖庄稼收成的好坏。要让百姓家家殷实起来，必须兴修水利改变旱涝受制于天的局面。召信臣对如何造福一方的思路非常清晰，知道哪条线是纲。他上任伊始，便亲自跋山涉水进行考察，并和随行的人员一起，将各地的山丘高低、河流走向、水塘分布、耕地位置和待修建的水利设施，全都绘制成图。根据人力财力情况，制定出详细的规划。然后，组织民工逐年按图施工，每完成一处，用朱笔勾掉一处。

六门陂是召信臣所建水利工程中最为著名的一处。它位于穰县（今邓州市）之西，建于建昭五年（公元前34年）。该工程设三水门引水灌溉，后又扩建三石门，合为六门，故称为六门陂。六门陂是一座灌溉枢纽工程，在河的上游修拦河堰，周围筑堤，再自流引水浇灌农田。干渠全长50多公里，下设许多支渠。工程建成后，"溉穰、新野、昆阳三县五千余顷"（《水经·淯水注》），兴利史长达1400多年，与都江堰、引漳十二渠一起被誉为我国古代三大灌区。召渠是用信臣姓氏命名的人工开挖的灌溉系统，它是在白河上游筑堤引水，干渠长 80 公里，支渠纵横交错，状如大树枝干，效益面积曾达到 200 万亩。宋代召渠的效益面积还仍覆盖到湖北省境内。召信臣发展水利注重"建管并重"，为防止人为损坏和起水事纠纷，他亲手制定"均水约束"并刻在石碑上，安放在水利设施旁边，要求地方官巡查落实。"均水约束"对什么时候用哪条渠道里的水，用多少水量，以及渠道和堰塘的管理、工程设施的维修等都进行了严格规定，违犯者就按规定处罚，对水利工程设施的保护起到了极大的作用。

到了东汉，南阳又出了一位重视水利的太守，他就是东汉建武七年（公元 31 年）升任南阳郡太守的杜诗。后被南阳百姓尊称为"杜母"。

杜诗到任后，以召信臣为榜样，组织农民修整陂池堰塘，开垦荒田废地。杜诗还发明了生产工具。他在总结精心钻研的基础上，发明了供冶铸农具用的"水排"。《后汉书》记载，杜诗"造作水排，铸为农器，用力少，见功多，百姓便之"。英国科学家李约瑟在其专著中亦有提及。在研究中国水利史的专著中，多有将召信臣、杜诗与蜀郡李冰、邺城西门豹相提并论者。总其功绩，公允论，他们当得起。南阳百姓为他们修祠建庙，以示纪念。汉平帝元始四年（公元 4 年），皇帝下诏，每遇年节，南阳郡守都要率属官到召信臣墓前行礼。召信臣若天上有知，是不会在乎这些虚礼的。但就他们为老百姓做的好事而言，又是完全承受得起的。

　　危急关头，勇于献身的"大王"柳毅。提到唐朝的水利建设，不能不讲到家喻户晓的柳毅。因了元代大戏曲家尚仲贤的杂剧和新中国成立后的电影《柳毅传书》，柳毅在全国成了一位知名度很高的历史人物。

　　实际上，文艺作品里的柳毅和现实的柳毅南辕北辙。文艺作品里的柳毅出生地是江苏吴县，真实的柳毅是河南省汲县柳毅屯（今卫辉市柳卫村）人。柳卫村风雨斑驳的"大王庙"里，供奉着柳毅和其妻卢氏的塑像。塑像前的香炉里，旺盛的香火诠释着这里纯朴的民风。

　　庙里有些残破的石碑上，镌刻着柳毅的生平事迹。细瞧下来，现实中的柳毅事迹，与妙笔生花的文艺作品完全是两个不同版本。文艺作品里的柳毅，是江苏吴县人。赶考的路上，巧巧地遇到落难的龙女。后来，他不负龙女重托，将龙女落难的消息带给老龙王。龙女被解救出来后，为报答他，早已萌生爱意的她便说服龙王嫁给了他。才子与佳人，曲折与浪漫，使得这部作品特别吸引观众。并不时被演绎更新，一直广为流传。细想，尚仲贤只是借了柳毅的名，怕人对号入座，又索性将柳毅的籍贯挪到了湖南。但与水有关这一点，是不能更改的。于是，黄河变成了洞庭湖。

　　这些，是非常有可能的。

　　戏里的柳毅与龙女结成伉俪后，大概是想即使赶考做了状元郎，也和逍遥自在的神仙没办法比。于是，改变初衷，乐不思蜀，索性连家也不回了，和小龙女一起快乐生活在金碧辉煌的龙宫里。

而"大王庙"里的河南的柳毅，以教书为业，长大成人后，娶妻不是龙女而是卢氏。由于赴京应试不第，里人推荐他到黄河上管理河务，后因黄河在南华（今东明县）出现险情，毅以身堵口，带着活身归天。皇上念他治河有功，特封他为黄河上的河神，位居大王之职。村人为了纪念他，除把村名改为"柳毅屯"和立"柳毅故里碑"外，还把他的生日定为每年庙会会期。每到这天，全村人都要对他顶香朝拜，遗俗至今未废。据调查，在今封丘、长垣、开封、兰考、东明等县，沿黄河一带村庄上的群众，新中国成立前每逢过年过节，都有敬柳毅大王的风俗，以求黄河不在这里决口。特别是在柳园口渡口上的船工，他们不但在节日给柳毅烧香许愿，而且平时每逢开船之际，都要事先问一下，过河的人中有没有柳毅屯的人。如没有，起码也得有汲县或卫辉府的老乡，才敢开船以求平安。该存疑，存疑。但这一点至少说明，柳毅尽职尽责，危急时刻敢于牺牲生命，黄河里的狂蛟水怪什么的，不怕这样清正胆大的人，又该怕哪一个？

团结一致，不计荣辱的靳辅、陈潢。团结一致，不计荣辱的靳辅、陈潢。每次翻开水利史这厚重的一页时，让人们首先感叹不已的不是靳辅、陈潢功高盖世的治水成就，而是他们两个人义薄云天的比兄弟还要亲的情谊。他们很容易就让人联想起善舞大刀的关云长，关云长和刘备情同手足的关系与靳辅、陈潢的

"神交"相比，实在是伯仲之间。

靳辅家境很富，地位很高，于康熙十六年调任河道总督时，早已是开牙建府重权在握的封疆大吏——安徽巡抚。而陈潢晋见他这个八面威风的河道总督时，只是一个留心"经世致用"学问，曾一直上行到宁夏，徒步对黄河做过实地考察的一介布衣。地位高低有天渊之别。但靳辅一见，听君一席话便就喜欢上了。谈话结束后，还诚心诚意地坚邀陈潢留在身边，以便"有疑共解"。陈潢也没有虚推，爽快地答应下来。此时，两人相视，哈哈大笑。摆上酒来，又是一夜促膝长谈，直到鸡叫，都脸上毫无倦意。

让他们相见恨晚，无话不谈，不光是性格的投缘，重要的是他们拥有一个共同的目标和理想，那就是把河患治理好。没有这一点，靳辅不会在乎是否多陈潢这么一个再普通不过的朋友。靳辅的梧桐枝再高，一向清傲的陈潢也未必有兴趣来攀。

红旗渠青年洞

靳辅也算是临危受命。康熙十五年黄、淮并涨，"漕堤崩溃……共决三百余丈"，河道、运道均遭严重破坏，漕运不通已成了清王朝的心腹之患。当时虽正在讨伐以吴三桂为首的三藩割据势力，军用浩繁，但康熙帝却毅然下了治理黄河的决心，于康熙十六年（1677年）调安徽巡抚靳辅为河道总督，开始了一场规模较大的治理黄河行动。靳辅清楚治水失败对正处于困厄之中的康熙皇帝意味着什么，弄不好，就是改朝换代的结局。康熙年龄虽轻，但在知人上却高人一筹。他认准靳辅是个堪当大任的经世之才，靳辅也的确没让他失望。靳辅是大家子弟，身上却没有大家子弟的纨绔习气，礼贤下士，便足以证明。他地位高，于水利而言却是新来乍到。他要尽快进入角色，取得成效，就少不了"一个篱笆三个桩，一个好汉三个帮"。当然，这一切，也是因为陈潢有真才实学，真知灼见。他这样向靳辅及其周围的人分析黄河的性格："中国诸水，惟根深叶茂源为独远。源远则流长，流长则入河之水遂多。入河之水既多，则其势安得不汹涌而湍急哉！况西北土性松浮，湍急之水，即随波而行，于是河水遂黄也。"接着他又明确指出："河防所惧者伏秋也。每当伏秋之候，有一日而水暴涨数丈者，一进不能泄泻，遂有溃决之事，从来致患，大都如此。"在谈到如何治河时，他说："河之性无古今之殊。水无殊性，故治之无殊理。唯有顺其性而利导之之一法耳。""善治水者，先须曲体其性情，而或疏或蓄、或束或泄、或分或合，而俱得其自然之宜。"鞭辟入里，振聋发聩，旷古烁今，这些词是当时包括靳辅在内的许多人在连连点头之后，诚诚恳恳送给他的。

陈潢清楚，作为一个总督，光会"采纳"别人的意见是不够的。他希望靳辅不能光听他说，还要自己去实地看。"请为公跋涉险阻，上下数百里，一一审度，庶弘纲克举，而筹划及可施尔"。他呢，愿意做向导，紧跟左右，这与靳辅的想法不谋而合。在调研途中，靳辅不论是兵、民还是工匠夫役，"凡有一言可取者，一事可行者……莫不虚心采择"。经过两个月的调查研究，靳辅不但很快熟悉了治水规律，还有了自己的真知灼见，感到以往重漕运不重治河的观点是不对的。"盖运道之阻塞，率由于河道之变迁，而河道之变迁，总由向来之议河者多尽力于漕艘经行之地，若于其他决口，则以为无关运道而缓视之，殊不知黄河之治否，倏系数省之安危，即或无关运道，亦断无听其冲决而不为修治之理"。根据这次调查的结果，靳辅提出了"治河之道，必当审其全局，将河道运道为一体，彻道尾而合治之，而后可无弊也"的治河主张，并连续向康熙帝上了八疏，系统地提出了治理黄、淮、运的全面规划。

康熙照准其奏，令其坐镇武陟，夺情而为，循序渐进。有这样的君臣，岂有办不好的事，黄河安澜的梦想，很快便在靳辅、陈潢两个人手里成为现实。陈潢也被靳辅保奏戴上了红顶带。陈潢知事，却不知政治。他在对放淤后新开辟的土地进行清厘时，由于刚正不阿，不徇私情，被豪强恼恨进谗，朝廷听信谗言，将陈潢革职，"解京监候"。陈潢到京不久，即怀恨死去。

靳辅不掠人之美，不贪天之功。当康熙帝南巡时，鉴于靳辅治河有成绩，曾问"尔有什么博古通今的人否?"靳辅答："通晓政事有一个，即陈潢。"

其后，靳辅不怕招惹康熙不高兴，多次上奏折请求为陈潢昭雪，并终于如愿。靳辅生前，因陈潢没有平反，一直不同意家里人和门生故吏为他出水利专著。临终时，方交待下去：若为此事，要与陈潢的论述合在一起刻印。这就是后来水利史上最重要的论著之一《治河方略》和《河防述要》。

水利工作关系国计民生，需要集思广义，大家能有缘同船共渡，像靳辅、陈潢者成君子之交，该有多好！

不计荣辱，专心做事的民族英雄林则徐。以霹雳手段虎门销烟大长国人志气的民族英雄林则徐，是一个名利远抛，先天下之忧而忧，后天下之乐而乐，道义担肩，专心做事的"青天"。鸦片战争爆发，英国人的炮火使清政府吓破了胆。在英国公使的要挟下，软弱无能的清廷自毁长城，把林则徐扣上"办理不善"的罪名革职降级，充军遥远的边陲新疆伊犁。这位已经年过半百的老人，面对即将西出阳关无故人的悲怆，没有一句抱怨，默默收拾好简单的行李，坐一辆还算坚固的牛车，咣当咣当摇晃着上路了。

这是星晦月暗的道光二十一年五月。应该感谢其时交通工具的落后，正因如此，让河南百姓与这位民族英雄结缘。六月，黄河挟着滚雷般的咆哮声在祥符（今河南开封）发生溃决。由于河官和地方大员抢修不力，堵口无方，致使滔滔河水像暴怒的狂蛟，眼瞅着把决口越撕越大，挣脱大堤的羁绊后，肆意游荡，很快，使豫皖五府二十三州县尽成泽国，哀鸿遍野。省城开封像在

巨浪中的一只木船，随着城墙被泡得越来越松软，随时都有被洪水一口吞没的可能。告急的奏折八百里加急一道接一道飞往北京。国难思忠臣，坐不住的道光皇帝这时候想起了林则徐，派快马追上林则徐，特旨"林则徐折回东河，效力赎罪"。

前去宣旨的是钦差河南总理河务的王鼎，正是他的极力推荐，才使道光抹下了可怜的面子。林则徐二话不说，就让赶车的家人把牛车掉转了头。大家想，这一下，林则徐该对自己遭遇的不公表示点什么了。没想到，他焦虑的目光，一直盯着远处的河南，所询问的都是决口事宜。王鼎也是做有接受牢骚话的准备的，至此，暗自惭愧不已，在心里为林则徐的人品挑起了大拇指。

林则徐八月冒着酷暑赶到工地，顾不上一路车马劳顿，直接到大堤上查看决口情况，问讯后，在王鼎和大家的注视下，不负重望地提出了具体堵口方案。王鼎马上表示完全赞同。方案是一方面集中河工，开挖引河，减少口门洪水。然后，动工兴筑正坝，上边坝和下边坝三道挑水坝，全力逼近口门。施工中，林则徐虽是戴罪之身，但他磊落坦荡，一直呕心沥血日夜奔波于工地上，督促进度，把握质量，丝毫不含糊。由于连日路上颠簸，到工地上又是水蒸日晒，过度劳累，他几次鼻疾复发，血流不止，后又患腹泻，脸色黄瘦，但始终坚持在堵口第一线。

有不少人，佩服是佩服，心里还想林则徐是要"戴罪立功"，好让皇上格外开恩才如此不要命地干。

第二年二月五日，堵口合拢决战前的晚上，月明星稀，王鼎邀林则徐月下散步，庄重地告诉他，此前已经专折上奏朝廷，把林则徐的堵口功绩，细细陈奏上去。让王鼎没有想到的是，林则徐并没有高兴地表示，而是望着遥远的通往京城的大道，淡淡地苦笑了一下。

七日上午，三百零三丈的口门全部合拢。河水像被驯服的野马，回归故道后温顺地向前流着。在众人欢呼雀跃声中，皇上传下圣旨。人们的目光齐刷刷地投向跪在黄土地上的林则徐。大家都在心里准备着道贺的话语，都认为这是顺理成章的事，没想到，公公用尖细的鸭嗓传出的圣旨是："林则徐于决口合拢后，仍着往伊犁"。所有的人都忿忿不平，王鼎更是觉得对不起林则徐，他想起林则徐散步时的苦笑，叹服林则徐对道光比自己了解的更透彻。林则徐打开始就想到了结果，但仍如此鞠躬尽瘁死而后已地干，全是因为心里真切地系着百姓。

王鼎这个一向四平八稳的大学士，看着重新坐上牛车渐行渐远的林则徐，一屁股坐到地上，嚎啕大哭起来。他哭的是自己的无能，平时颇以文章诗词自负，怎么就替这位心可昭日月的耿耿忠臣辩不清冤枉呢？

林则徐并不是神，能销烟也能说堵口就堵口。他原本就是一位出色的水官，因对治水颇有心得和政绩，才一路擢升上去的。嘉庆二十五年（1820 年）二月，林则徐受命江南道监察御史，巡视检察官员督办河工是否尽职尽责，徇私舞弊。这是他第一次接触"水务"。他铁面无私，发现一个，弹劾一个，连河南巡抚琦善也被朝廷褫职议处。嘉庆皇帝在朝堂上也大感意外，"向来河工查验料垛，从未有如此认真者"。道光二年（1822年）四月，林则徐出任江苏沧海道，由于政绩斐然，半年之内三调三升，最后任江苏按察使。道光十一年（1831年）十月，林则徐再被提拔重用，荣任东河河道总督，专管山东、河南的黄河、运河河务。林则徐在河督任上，除对贪污渎职依旧铁腕惩处毫不手软外，还对河势工情反复查勘，工程质量严格要求。他亲自试验在埽前抛碎石护根，得出"碎石于河工有益"的结论，随后在全河大力推广抛石新技术。这被后来水利史学界称为"晚清治河的一大进步。"

　　为官一任，造福一方的上将"水官"冯玉祥。冯玉祥戎马生涯中，拥有四个雅号：从士兵到将军，不改农民本色，被称为"布衣将军"；笃信基督教，并尝试用基督教教义改造军队和社会，被称为"基督将军"；他做人讲原则，只认真理不认人，先

红旗渠干渠

后毅然决然与曹锟、吴佩孚、蒋介石分道扬镳，被称为"倒戈将军"；早年响应孙中山先生，中年一度与共产党亲密合作，晚年公开抨击蒋介石专制独裁统治，被称为"爱国将

军"。对这四个雅号，他更愿意接受的是第一个。

冯玉祥督军河南时，能在军阀混战的间隙，关注百姓疾苦，治理河患，兴修水利，而且不是为了标榜做做样子，是广有建树，业绩斐然，算得上至为难得。他有一句名言：对人以诚信，人不欺我；对事以诚信，事无不成。他虽然在河南的时间很短，但对水利建设用心而为，取得成效也就不足为奇了。

冯玉祥身为国民革命军陆军一级上将，军事委员会副委员长，高高在上，仍能体察民间疾苦，是与他的苦出身分不开的。冯将军出生于直隶青县兴济镇北街（现为沧县兴济镇），祖籍安徽省巢县西北乡的竹柯村。他出生不久，全家又迁居保定城东的康格庄。父亲冯有茂在清军里只是一个普通的大头兵，拼死拼活挣的那一点饷银，根本不够养家糊口。他刚满10岁那年，为了补贴家用，父亲便为冯玉祥在兵营中补了名额。这样，读私塾还不到两年的他只好辍学。1894年，清政府对日宣战，冯玉祥与其父随保定练军开赴大沽口，亲眼目睹了日本军舰的罪恶行径。1896年，冯玉祥刚满15岁，正式入营当兵。枪一竖，比他的个头还高，肥大的军衣风一吹四下晃荡，显得他还没有长成的身体更加单薄瘦小。此后，在军旅生涯中，他积极追求进步事业，参加了驱逐清朝廷离开紫禁城的行动。听说李大钊被捕的消息后，他积极赶往营救。走到半路传来李大钊遇难的消息，他当即让部队停下来，为李大钊隆重举行追悼会。从此，与奉系军阀张作霖便不共戴天。维护正义，他参加了推翻贿选总统曹锟的斗争。拥

护孙中山的三民主义，他曾多次致函邀请孙中山北上主政。1935年，他被国民政府授予陆军一级上将军衔。1936年抗日战争爆发后，任国民政府军事委员会副委员长，第三、第六战区司令长官，为抗日战争取得胜利，做出了重要贡献。

1927年，冯玉祥到河南的当年，适逢河南夏秋大旱。1928年春至夏又滴雨未降，秋季复旱，连续两年遭遇干旱，老百姓被迫纷纷逃离家园。旱魔不除，百姓便无法安居乐业。冯玉祥素重水利，1922年督豫时制定的治豫的《十项纲要》中就有"除水患，兴水利"的内容，劝诫豫陕甘三省"兴修水利为第一要务，不可缓。"这次，他先从理顺机构入手，1927年8月，下令把原在实业厅指导下的水利分局，改为水利局，水利局下设总务、工程两科。他求贤若渴，亲自登门邀请水利专家陈泮岭任局长。他采纳陈泮岭的建议，变行政区域的块块分割管理，为小流域和项目管理，下令裁撤各县水利分会，择其河流较大、水利任务较多的处所，结合数县设一分局。到1928年4月，全省共设水利分局43处。

他抓水利建设，也像指挥军队行军打仗一样雷厉风行，从1927年6月20日至7月11日短短21天的时间里，就令民政厅长邓哲熙代他给各县连发六道急电，严厉指出："挖井抗旱为目前急务，他事可缓，此事决不可缓。"要求必须在两个月的时间内，"大县凿井二百口，中县一百五十口，小县一百口"。并规定了质量要求："井须挖深，井身一概用砖砌，井口须六尺以上，水量以能供水车吸取为度"。还劝诫各县县长，"如有奉行不力，一经查出，定加严惩不贷"。为加强技术指导，防止各县莽撞施工，切实保证质量，冯玉祥在开封举办了为期四个月的"凿井技术练习班"，给各县培育出凿井技师一百余名。1928年，又开办了"河南省水利技术传习所"，培育出有关水利工程施工和水文测绘方面的专业人才150多名。针对灾中百姓凿井在人力物力方面的缺乏，他倡议开展协作互助，"凡共凿一井者，县政府给以十元之补助，以资奖励"。由于他对这一任务布置具体，措施得力，到这年年底，据40个县的统计，共凿井5392口，成为河南凿井史上的鼎盛时期。

为了提高效率，冯玉祥鼓励采用新的灌溉技术，令各地置办吸水机，令各兵工厂制造水车，无偿让老百姓使用。他还命人在开封西门设厂，制造飞龙水车500架，每县分3架，供民汲水灌田。另外还"令将开封军校压水机交王县长，以备为民吸水之用。并告王，水枪水龙，亦能浇地"。1928年春，汲县汲城村的教员王隆辰发挥专业技术特长，反复试验，在卫河上安装木制水轮机带动链斗式水车提取河水，每昼夜可灌30亩地，称为"隆辰式汲水机"。冯玉祥闻讯，马上带顾问梁式堂亲到汲县考察，对隆辰式汲水机甚是赞赏，当场奖励二千元。并要求改制成铁机，在全省推广。冯玉祥深知本省技术落后，还会同水利工程师曹瑞芝，水利局长陈泮岭赴沪购办吸水机。回来后，于黄河南岸柳园口安设引擎二部、吸水机二部，挖掘蓄水池，修筑机器房。

并于南岸各分局次第安设虹吸机器，提溉老军堂、孙庄一带耕地4000余亩。继柳园口之后，南岸各河务局分局陆续在黑岗口等地装置虹吸机器，浇灌面积日益扩展，被称为"在黄河中下游应用现代化机器兴办水利，使'害河'变'利河'的肇始"。1928年，冯玉祥又令在黄河、沁河挖渠开塘，引水抗旱。从1928年6月10日至9月30日，在沁河两岸的武陟、博爱、沁阳三县境内，共修筑旧闸口33处，新闸口5处，可灌田2000余顷。

1928年春，冯玉祥部队驻辉县百泉休整时，他发现百泉因年久失修，水量大减，立刻拨款让新辉水利支局"把一切泉池一概疏浚，添加水量以灌农田"。渠线由冯玉祥指定，并派陆军测量队进行测量。但因缺乏经验，渠开成后，水流到东石河通不过去。随后，冯玉祥便指令辉获新（辉指辉县，获指获嘉）水利分局续办，将工程列入"河泉当疏浚"的计划。百泉池因年久失修，西北角的石沟淤塞，出水不畅，冯玉祥指示水利分局把这段石沟开挖清理，修砌整齐。所用民工，每日工资三角，由河南省政府拨款，由水利分局支付。为解决资金不足的问题，他采取谁浇地谁出工的原则，征集沿渠群众开挖，并要求军队和县政府机关人员，每人分一段参加义务劳动。他率先垂范，和夫人李德全亲身到梅溪、卓水两工地参与修渠。劳动时自带水壶，不喝当地百姓一口水。为表示感激和纪念，善良的当地群众把冯玉祥指导开凿的水井，称为"冯井"，把挖出来的新泉，命名为"冯泉"，并建亭树碑纪念。

"未及匝月，凿泉百数，拦河导渠，灌田至数千顷，舆情大慰。"从当时报纸报道的情况看，冯玉祥的举措，大大缓解了当地旱情，并深受百姓欢迎。

抗战胜利后，冯玉祥为形势所迫，于 1946 年以水利考察专使名义出访美国。归国后，对我国水利发展，提出许多建设性的建议。

冯玉祥作为一个旧军阀，能深悟"兴修水利为第一要务"，且"不可缓"的发展真谛，真是难得！他身体力行，参加劳动，这种发展水利的思想和实践更是难能可贵，令人敬佩。

坚忍不拔，艰苦创业的杨贵。杨贵的名字此生是注定要和红旗渠联系在一起了。他年仅二十六岁，便任林县县委书记，称得上是春风得意马蹄疾。但他二十多岁就敢下定决心，去啃修建红旗渠这样的硬骨头，并且，有始有终，几次下马，几次上马，终于在自己手里竟其功，向林县人民交上一份满意的答卷。坚忍不拔，艰苦创业的品格，在很早就刻到他的每一块铮铮铁骨上了。

原全国政协副主席钱正英曾说，走遍河南山和水，至今怀念三书记。这三书记分别是指原兰考县委书记焦裕禄，原林县县委书记杨贵，原辉县县委书记郑永和。诚如钱正英副主席所言，林县及至河南人，都崇敬杨贵，认为他了不起。杨贵却认为，他是被"逼"着走出这一步的。

林县地处豫西北的太行山东麓，总面积 2046 平方公里，辖区17个乡镇，536个行政村，80万亩耕地，现有人口100万。林县山多地少，石厚土薄，凿井无泉，引水无源，自然条件十分恶劣。全县500多个村庄，历史上有300多个村庄人畜饮水非常困难，人们经常要翻山越岭，往返几里、十几里远道取水。新中国建立前，群众中流传着："吃水贵如油，十年九不收"的民谣。这里用水难，犹如那巍然的太行山，压得人们喘不过气来。

摆在杨贵这个领头人面前的道路只有两条：一条是苦熬，对付着过，县里再缺水，也缺不到县委书记家里；另一条是艰苦创业，用自己的双手不等不靠改变面貌。杨贵是个喜欢挑战命运的人，他选择了后一条。坚持苦干十个春秋，逢山凿洞，遇沟架桥，硬是削平了1250个山头，架设了151座渡槽，凿通了211个隧洞，修建各种建筑物12408座，挖砌土石垒筑成宽2米、高3米的墙，可以纵贯祖国南北，把广州和哈尔滨连起来。红旗渠的建成在国内外产生了巨大的影响，成为我国水利建设上的一面旗帜。

县委书记杨贵走在上工群众队伍之前

周恩来总理曾自豪地告诉国际友人："新中国有两大奇迹，一个是南京长江大桥，一个是林县红旗渠。"人们都如此评价杨贵说："古有都江堰，今有红旗渠；古有李冰，今有杨贵。"

现在去红旗渠参观，人们多感叹于工程施工的险峻。险峻是明摆着的，不说，谁也能看得到。实际上，"险峻"背后作的难，还要更大更多。红旗渠的修建是三年困难时期，林县人民要征服自然，改造自然，首先要以坚韧不拔的毅力战胜自我，战胜由于"天灾人祸"带来的危及生存的艰苦条件。他们天当房，地当床，每天只有六两口粮，掺和着野菜充饥，在一缺资金、二缺技术、三有"文革"中人为的阻挠的情况下，县委班子里不少人都觉得没有可能抗过去了，没想到，最后出来帮大家振奋精神、树立信心的是年轻的杨贵。杨贵是非凡的，他清楚一些事情，只有咬紧牙关才能挺过去。只有破釜沉舟，才能争取到最后的胜利。他真是把自己给豁出去了，不止一次独自徘徊在山之巅这样想过，如果渠修不成，他就从太行山顶上跳下去。我们终于可以想象出红旗渠为何能在杨贵和林县人民手里建成了。这缘于他们坚忍不拔，艰苦创业的品格。在这个浩大工程的建设中，各种考虑到或考虑不到的困难随时都可能发生，一些意想不到的突发事件也可能使以往用辛勤汗水甚至拿生命换来的成果付之东流，功亏一篑。因

太行山上红旗渠

此，杨贵和林县人民要达到胜利的彼岸，就必须依靠坚韧不拔的毅力和自强不息的精神顽强拼搏，必须具有愚公移山的韧性和精卫填海的执着，才能闯过一个又一个的难关，实现征服自然、改造自然的目的。

马克思说过，在科学的征途上，没有平坦大道可走，只有那些不畏艰难、沿着崎岖小道勇于攀登的人们，才能到达科学的峰巅。如果我们借用这句名言来说，杨贵和林县人民要想挣脱自然环境的羁绊，摆脱贫穷的束缚，在向自然抗争的过程中，同样没有闲逸的道路可走，只有吃大苦、耐大劳，以勤俭起家、以艰苦创业建家，秉持"宝剑锋从磨砺出，梅花香自苦寒来"的情操，付出劳心苦志的努力，才能改善生存条件，走向富裕的通途。

红旗渠引来河水清如许，改变了林县的落后面貌，固然宝贵，但更宝贵的还应该是杨贵领导下的林县人民在修渠实践中凝结、提炼、升华出来的红旗渠精神。有了这块瑰宝，什么人间奇迹都是可以创造出来的。

每代皆有才俊出。历史长河中不同时期治水的杰出人物，是那个时期集体智慧的结晶和精神的凝聚，前辈这些光华闪耀的精神品格，像一串珍珠，串起来升华为"献身、负责、求实"的水利行业精神，这是金不换的瑰宝，必须世世代代传承下去。只有这样，水利建设才能有未来，才会有未来。

第 **7** 章

水利发展要在全面管理上下工夫

▶ **提要**

　　本章主要是从水利的地位及发展理念、水利工程及管理、水资源统一管理及优化配置、水文建设及管理、非工程措施及管理等五个方面，探讨了水利发展与行业管理的关系。

　　水利发展大体经历了工程水利、资源水利和现代水利三个发展阶段。但无论水利发展怎么变，其治水的根本没有变，所变的只是理念和思路。工程水利治的是自然的水，资源水利治的是人类活动的水，现代水利治的是人们心中的水。

　　水资源管理的核心任务是实现水资源的优化配置，使水资源在整体上发挥最大的经济效益、社会效益和环境效益。水资源的优化配置包含了两个方面：一是在开发层面上实现水资源的优化利用；另一方面是在利用层面上实现水资源的节约利用，循环增效。关键是建立和完善国家水权制度，充分运用计划和市场两种机制优化配置水资源。

水文是水利行业的重要技术支撑。行业管理的根本在于话语权，一是法律赋予的职能；二是科学的技术依据。话语权有没有科学的说服力，主要取决于水文勘测研究的力度。水利现代化首先是水文的现代化。没有水文的现代化，就不会有水利的现代化。

最后从现代水利角度论述了工程与非工程措施关系。最终得出了水利事业的发展，只能在全面管理上下工夫。实现水利跨越式发展，就要以工程建设为手段，以非工程措施为支撑，从管理上要成效！

纵观水利发展进程，大体经历了工程水利、资源水利和现代水利三个发展阶段或者叫三个层面。这三个发展阶段并没有明确的时间界限，也不是后一个阶段对前一个阶段的否定，恰恰相反，这三个阶段是相互贯通和相互包容的。

工程水利，主要是以工程控制为手段，来降低洪涝灾害，以提高防洪抗灾能力；通过适当的供水工程，来满足用水的需要，以提高人们的用水水平和抗旱能力。主要表现在新中国成立初期和"文革"期间的大规模水利建设活动。那个时候在国家的号召下，全民行动搞水利，打的是人

黄河桃花峪控导工程

民战争，人海战术，建一座水库，修一条渠道，动辄就是十几万，数十万人。例如板桥水库，当年参加修建的民工多达四十万人次。目的就是要锁住蛟龙，取来活水，保下游之安澜，供农业灌溉之需。

资源水利则是从水资源开发利用角度来考量的水利活动。这

是在水资源可利用量日见紧张的条件下，所提出来的发展理念。这个阶段大体可以从 20 世纪 80 年代算起。自改革开放之后，各行各业方兴未艾，经济突飞猛进，供需矛盾和争水现象日益突出，迫使水利建设发展必须把水资源与社会经济发展紧密联系起来，提出了综合开发、科学管理的思路。简单地说，工程水利是偏重于防水和要水，哪里需要就在哪里建工程，以满足各行各业的需求。它是立足于水量足够丰富的基础上，其目的是兴利除害。而资源水利则要求注重于对水的调配与管理，从供水的角度进行资源优化配置，提高用水效率，以满足经济社会可持续发展的全面要求。它是出于水量不足的规划和设计，其目的是解决供需矛盾。因而，资源水利不是对工程水利的否认，而是在工程水利基础上，上升了一个更高的层次，是发展思路上的一次飞跃。

现代水利是在世纪之交，被人们逐渐认识到的发展理念。这一理念首先是由美国、日本等一些经济发达国家在 20 世纪 80 年代后期提出来的。对我们而言，当人类活动成为改变自然状况的重要力量的时候，水环境已经被改变得面目全非的时候，人们越来越感觉到，社会发展所带来的安全感愈来愈遥远。水体污染、环境恶化、资源短缺，人们再也没有水资源"取之不尽，用之不竭"的"买方市场"的感觉了。1998 年三江大水后，从我国的国情出发，水利领导和专家在认真总结治水经验、深入分析宏观形势的基础上，提出了新的治水思路，逐渐认识到水利发展不能只停留在传统水利的"兴利除害"层面上，而是要上升到社会经济发展不可或缺的主要组成部分，要求水利发展要从传统水利向现代水利、可持续发展水利转变。

现代水利也不完全等同于水利现代化。水利现代化是一种目标，现代水利是一种发展理念，实现水利现代化是现代水利的必然要求。而水利现代化，不仅仅是指水利硬件的现代化，也包括软件的现代化、人的思想观念的现代化、行为方式的现代化。

这一新的水利发展理念是以遵循人与自然和谐相处为原则，运用现代先进的科学技术和管理手段，以水的安全性和水环境建设为主线，以优化配置水资源为中心，以建设节水防污型社会为重点，充分发挥水资源多功能作用，通过社会主义市场经济的水权理论，不断提高水资源利用效率，改善环境与生态，实现水资源的可持续利用，保障经济社会的可持续发展。例如 2001 年，河南省通过水权理论第一次解开了漳河河南、河北、山西三省边界地区几十年解不开的"水疙瘩"，通过对流域内水资源的优化配置缓解上下游用水矛盾，预防了水事纠纷，成为配置区域水资源的成功案例，为其他地区解决用水纠纷探索了一条新路子。

还有就是人们对洪水的再认识问题，改变了以往"洪水猛兽"的看法，变"猛兽"为资源，提出了洪水利用的观点。在信息化方面，黄河水利委员会提出了数字黄河概念；在改善生态方面实施了调水调沙手段，实现了黄河近十年不断流。水文系统初步实现了从水情雨情信息的采集、传输、接收、处理、监视到

联机洪水预报；实现了实时水情信息传输到计算机广域网，逐步建设"国家水文数据库"，使得全水利系统办公自动化水平不断提高和完善。初步建立了覆盖全省的"防汛指挥系统工程"，在历年抗洪抗旱斗争中发挥了重要作用。有效地提高了防治洪涝干旱灾害的决策能力，提高了水资源管理决策水平，提高了各项水利工作的效率。

在经济社会发展对优美生态环境的需求方面，以水土保持和河道综合整治为重点，注重水工程环境建设，使水生态环境与山

淅川水土保持工程

川秀美的生态建设相协调。小水电建设与代"柴"护林结合在一起，发挥封山育林的效果。在滞洪区建设方面，以"分得进、蓄得住、退得出"为原则，做到滞洪区正常运用，滞洪时基本不需临时转移群众，实现滞洪区内群众安居乐业。在饮水安全上，做到城乡同等、同视，让人民群众喝上干净放心的水。凡此种种也都是现代水利所要认真对待和解决的大问题。

水是人类社会不可或缺的要素。现代水利把水作为一个整体，全方位、多角度地审视它、保护它、管理它、利用它。把用水安全、水环境治理等一系列关乎经济、民生的水问题，作为发展的重要思路。现代水利要解决的是水的安全问题，包括量和质两个方面。

水利发展无论怎么变，但治水的根本没有变，所变的只是理念和思路。工程水利治的是自然的水，资源水利治的是人类活动的水，现代水利治的是人们心中的水。水既是人们的物质需求，也是精神需求。

水利地位也在不断地提高，从最早的"兴利除害""农业的命脉""国民经济的基础"，到中央 1 号文件，把水利地位提高到了战略的层面。1 号文件指出："水利具有很强的公益性、基础性、战略性。加快水利改革发展，不仅事关农业农村发展，而且事关经济社会发展全局；不仅关系到防洪安全、供水安全、粮食安全，而且关系到经济安全、生态安全、国家安全。要把水利工作摆上党和国家事业发展更加突出的位置，着力加快农田水利建设，推动水利实现跨越式发展。"

这是党中央向我们发出的又一次伟大号召！但是能否交出一份满意的答卷，就要靠全体水利人的共同智慧和努力！认真解读水利发展今后的目标和任务，不难发现，今后的发展思路，单靠水利工程建设是很难实现的。早在 20 世纪 80 年代，水利部就提出了要把工作重点从工程建设转变到工程管理上来。而今我们要说，还要从工程管理，转移到对水的管理、行业的管理和社会的管理上来。不仅要重视水利工程建设，还要重视非工程措施的建设；不仅要重视工程管理和行业管理，还要重视对社会的管理。总之，凡是涉水的地方都是我们要进行管理的所在。坚持建设与管理并重，工程和非工程并重，法规和文化并重。从现代水利层

面上讲，工程措施是基础，非工程措施是支撑与补充。与其说在建、管并重上下工夫，不如说在管、建并重上下工夫，虽然仅仅是顺序上的不同，但却反映了一种发展的新理念。实现水利跨越式发展，就是要以工程建设为手段，以非工程措施为支撑从管理上要效益。

关于水利工程及管理。人类历史上，自古就有修建水利工程的实践和愿望，全国各地都留下过许许多多著名的水利工程，楚国的芍陂、魏国的引漳十二渠、四川的都江堰、陕西的郑国渠、山西的晋水渠、河南洛阳的惠济渠等，这些古老的水利工程大部分都已沉寂在历史的长河里，只有极少数还在延续着它那顽强的生命，发挥着原有的历史使命。其中四川的都江堰无疑是最为瞩目的，但凡去过的人，都无不感叹它的神奇与巧妙。

考量一座水利工程的生命长久与否，并不在于工程本身有多坚固，而在于它有没有一套科学的维护管理理念和制度。

回顾河南省水利建设之成就，是不是都能体现人与自然的和谐理念，是不是都已建立了科学的管理和制度，这都是我们水利人应该认真审视的问题。自新中国成立以来，全省建成了一大批蓄水、堤防、灌区、供水、小水电等水利工程，并为此建立了660多家各类水管单位，拥有了一支2.4万多人的水利事业专业管理队伍。初步建成了防洪、排涝、灌溉、供水、发电等工程体系和管理体系，在抗御水旱灾害，保障经济社会安全，促进工农业生产持续稳定发展和保护利用水资源等方面都发挥着重要的作用。但是，这些工程措施是不是都完全发挥出了最佳的设计成效？事实是最有发言权的。水利人决不允许贬低水利工程所发挥的巨大成就，但也决不能无视其中存在的问题与弊端。

水利部门是从搞水利工程建设起家的，长期以来一直有着做工程的情结，在这样的情结下，就形成了一种定向思维；似乎一说水利就想到搞工程、搞大工程，动辄几个亿、十几个亿的特大工程。所以，水利在人们的心目中就是个水利工程队，哪里需要去哪里，打起背包就出发，从立项跑经费、勘察设计，到后来的工程建设施工，一条龙式的工作流程。工程建完了，也就算完成了任务。至于怎么去管理，由谁来管理，似乎也都不重要了。这就是过去我们常说的只重建设，不重管理。建设时轰轰烈烈，建成后冷冷清清。以致许多水利工程问题多多，困难重重，甚至到了难以为继的地步。有些供水工程就干脆放弃了管理权，放任给了其他部门。这恰恰是严重的本末倒置行为。作为水行政主管部门，应该是以规划、管理为主，工程建设为次。凡涉水工程投资和建设，可以是水利部

郑州市生态水系

门自己，也可以是其他部门和个人，既可以是政府行为，也可以是市场行为，但其最终的行业管理权只能是水行政主管部门。这就叫国家社会办水利，管理归一家，或者叫做"一龙管水，多

龙治水！国家主导，全民参与"。

存在这些问题的根源，主要是我们自己缺失完整的发展理念。没有把治水作为通盘考虑和谋划，在建设前清晰，到建成后模糊。诸如中型水库管理及河道管理单位，曾一度被推向了市场，却又沿袭着计划经济的模式，财政不给钱，供水又收不到钱，甚至政府一声令下，库里的水不放也得放。工程无力维护，职工没有工资。个别单位职工只能靠自己带着干粮来维持水库的防汛与管理。对于中小型水库，只认水库里的水，不认水库的大坝和管水的人。过去修建的大批农田灌渠和机井，也因为缺失统一管理而遭到毁灭性的毁坏而报废，遇到旱情时，无从浇灌。

由于管理体制上的缺陷和定位上的偏颇，不仅导致大量水利工程得不到正常的维修养护，效益严重衰减，而且对国民经济和人民生命财产安全带来极大的隐患。

针对水利工程管理中存在的这些问题，水利部制定了一系列的改革政策和措施。2002 年 9 月，国务院办公厅转发了国务院体改办《水利工程管理体制改革实施意见》，2004 年 12 月，省水利厅拿出了《河南省水利工程管理体制改革实施方案》，2008 年 10 月，省政府又转发了省水利厅《关于全面完成水利工程管理体制改革任务实施意见的通知》。在水利部的关心、指导下，在省委、省政府的高度重视下，通过扎实工作，强化推进，攻坚克难，终于在 2008 年底基本完成了全省水利工程管理体制改革任务。将水管单位重新全部纳入公益事业单位，定编定责，公益性人员经费达到 4.45 亿元，公益性工程维修养护经费达到 3.87 亿元。基本理顺了管理体制，明确了管理职责，畅通了工程管理和维修养护经费渠道，落实了职工待遇，建立了竞争机制和分配激励机制，优化了管理人员结构，提高了管理队伍素质。从而大大加强了管理力度，稳定了职工队伍，既保证了工程的运行安全，也显现了工程的经济效益和社会效益。

同时，利用国家拉动经济，积极争取，多方筹资，"十一五"期间，对 400 多座大中型水库进行了除险加固，对 8 个蓄滞洪区进行安全建设，对重点地区 46 条中小河流进行治理，保证了防洪工程的安全，提高了抗洪能力。

现在，在许多水库库区和河道边，都会看到秀美的园林，清澈的水面和悠闲的游人。通过水利工程的治理，已经部分达到了人水和谐，环境优美的良好效果。

另外在水电及农村电气化建设方面，也取得了长足发展。河南省水能资源比较丰富，当你走在豫西南的山区里，就能看到星罗棋布的小水电工程。

郑州市十八里河城市生态水保工程

栾川、卢氏、嵩县、新县、鲁山、淅川、商城、西峡、博爱、南召、内乡、灵宝、光山、狮河、罗山等 15 县（市、区）被列入了国家水电农村电气化县。

充分发挥中央和省级资金的带动作用，并积极吸收当地农村集体经济组织和农民资金 680 万元，新增和改善水电装机 8.7 万千瓦。有效解决了电源建设资金的短缺问题，同时也壮大了当地集体经济，促进了农民增收。当地人均年用电量由 2005 年的 581 千瓦时增加到 890 千瓦时，增长了 53%；供电可靠率由 2005 年的 95.4% 增加到 2010 年的 98.8%；丰水期实行小水电代燃料户由 2005 年的 13.47% 增加到 2010 年的 17.85%。

农村水电主要分布在豫西、豫南贫困山区和革命老区，这里经济发展底子薄，基础设施建设相对落后，农民生产生活条件较差，"十一五"期间通过合理开发利用当地得天独厚的水能资源，为山区发展提供有力的电力保证，真正把资源优势转化为发展优势，有力地带动了县域经济的快速增长。通过农村水电建设，不仅解决了 26 万人的用电或缺电问题，而且还带动了农村基础设施条件的改善。修桥、铺路，建饮水水源，发展灌溉，使 5 万人和 4 万头牲畜摆脱了饮水困难，1 万亩耕地实现了自流灌溉。

在管理上，长期以来省级水电管理机构不够健全。2008 年以前一直由河南省水利水电实业公司承担，政企不分，上下关系始终难以理顺。2009 年 9 月，经省编办批准成立了河南省农村水电及电气化发展中心，经费实行全额预算管理，明确了中心所承担的主要职责和人员编制，理顺了省级水电行业管理机构和职责，加强了对农村水电安全监管管理，为全省农村水电行业更好地发展提供了有力保障。

2010 年 7 月 23—24 日，我省豫西山区遭遇百年一遇洪水，伊河、老灌河、淇河、丹江水势猛涨，致使河南省内这四条河上 35 座水电站受灾严重，直接损失达 8721 万元。洪水过后，河南省农村水电及电气化发展中心组织技术人员一方面指导各受灾水电站积极开展生产自救，在较短时间内恢复生产，使损失降低到最小；另一方面协调解决农村水电工程诸多涉水纠纷，保证了农村水电站的正常运行。

如此说来，我们的水利工程与管理是不是已经做到了尽善尽美？回答自然是否定的。只要我们深入实地走走看看，就不难发现，农业生产还不能做到完全旱涝保丰收，水土流失现象依然存在，防汛抗旱的任务还异常繁重，在水工程建设和管理上还有相当长的路要走。

关于水资源统一管理及优化配置。水资源工作重在管理。水是人类赖以生存而不可替代的自然资源，而且上帝赐予我们的水资源又是十分有限的。以有限的资源，来保证社会经济可持续发展的需要，只有通过严格的管理、强制的措施、严厉的制度来实现。

水资源管理的核心任务就是实现水资源的优化配置，使水资源在整体上发挥最大的经济效益、社会效益和环境效益。水资源的节约利用，循环增效包含了两个方面：一方面是对天上水、地表水、地下水、主水、客水、跨流域引水等进行统筹规划，在开

发层面上实现水资源的优化利用；另一方面是对工业、农业、生活、环境、生态等不同的用水需求，加以区别对待，保证重点，优水优用，在利用层面上实现水资源的优化配置。协调好生活、生产、生态环境用水，完善水资源调度计划、调度方案、应急调度预案和水源储备。建立和完善国家水权制度，充分运用计划和市场两种机制优化配置水资源。

水资源管理的重要手段，就是通过水资源工程等一系列措施实现统一调度，统一分配。明细水权，有偿使用或转让。水是可以相互转化的动态资源。无论是地表水，地下水和排污水都是一个统一的整体，相互作用，相互关联。它们之间都是可以相互转化的，不会因为城市和乡村的区别而独立存在，自成体系。一个城市的水是极为有限的，其用水主要来自于上游的乡村河流和周边的地下径流，而城市的排水又会成为下游河道里的地表水，同时给水环境造成污染。这就决定了水资源必须要统一管理，分体保护。任何单位和个人都有保护水资源的责任和义务。

水资源管理的重要原则与制度，就是建立"三条红线"，实现最严格的水资源管理制度。即建立水资源开发利用控制红线，制定江河、地下水水量分配方案和取用水总量控制指标体系，实现用水总量控制制度；建立用水效率控制红线，制定区域、行业和用水产品的用水效率指标体系，加强用水定额和计划管理，坚决遏制用水浪费，实现用水效率控制制度；建立水功能区限制纳污红线，从严核定水域纳污容量，严格控制入河湖排污总量，建立水功能区水质达标评价体系和监测预警监督管理体系，把好入河（包括水库、湖泊）排污口，实现水功能区限制纳污制度。

　　水资源管理的重要技术依据，就是通过完整的水文水资源监测站网，加强水量水质监测能力建设，获得充分的水文水资源信息数据及分析研究成果。依托现有水文站网，扩展监测范围及内容，建立水资源信息收集处理中心平台。定期发布水资源公报和河湖健康评估报告。为强化监督考核制度提供技术支撑，以提高水利部门的权威和话语权。

　　时下在水资源管理方面还有许多不尽如人意的地方。只要我们走在城郊河道前看一看，就不难发现，水体污染相当普遍，而且还相当严重，用水浪费和水土流失现象依然存在。这又进一步加剧了水资源的供需矛盾。在用水管理上，依然存在着多龙争管的局面。水资源的管理问题，全世界都在不断探索。很多国家都有了自己的应对办法和较好的管理模式。农业是消耗水资源的头号大户，灌溉用水占全球用水总量的2/3。为了实现水资源可持续利用，农业节水、提高用水效率已成为各国共同采取的有效措施。美国、日本、以色列、澳大利亚等国家在推进农业节水方面取得了显著成效，这与其所采取的一系列政策措施不无关系。综合来讲，主要政策措施包括：明晰农业水权，允许水权转让；政府扶持与农民参与相结合，建立健全农业节水投入机制；制定合理的水价政策体系，利用经济杠杆促进农业节水；重视农业节水科学研究，建立健全农业节水科研推广机制；实行用水户参与灌

溉管理，提高灌溉用水效率。我们国家也在这方面进行了积极探索。对于我省，作为国家的重要粮仓，对水的要求就更高了。如何在保证国家粮食安全的前提下，又能满足其他行业和环境用水

西华节水灌溉工程

的不断需求，将是今后相当一段时期内必须认真考虑和加以解决的大问题。国家已经把严格水资源管理上升到了转变经济发展方式的战略举措。最严格的水资源管理制度，更有利于水资源节约和合理配置的水价形成机制的基本建立，更有利于水利工程良性运行机制的基本形成。

要建立应急水资源工程和水资源储备制度。对于城市这样比较敏感的地方，单有自来水一家供水系统是不够的，还要有自备水系统，城市里过去的自备井经过重新登记审批，可以作为应急系统予以保留。地下水相对贫乏的城市要把有限的地下水作为战略应急储备水源，一般禁止开采，以保证合理水位，防止河水倒灌污染和地质灾害。

关于水文及管理。 水文是研究水规律的一门自然科学。水文系统是根植于水利系统内部的从事水文水资源勘测工作的公益性事业。

水文的概念，源出先秦。《吕氏春秋》曰："云气西行云云然，冬夏不辍；水泉东流，日夜不休，上不竭，下不漏，小为大，重为轻，圈道也。"首次道破了水文大循环的秘密，可以说是我国最早描述水文现象的文字了。后来随着人们对洪水灾害的认识，便有了"水测"（水尺）记录水势变化，设驿站"快马传飞报"水情的"报汛"方式。水文脱胎于地理，发展于水利，上与气象有瓜葛，下与地矿有联系。地下的水文，犹以"水文地质"见长，天上的水文，犹以"气象"著称。作为水文行业则是上通天文，下通地理，有人说水文是上管天下管地，中间管空气，这种说法尽管不确切，但有一条是对的，那就是哪里有水哪里就有水文。水文站则是从事水文研究的最基本单元。

　　但是作为水文观测实验的正规水文站还是创始于近代，我省最早的水文站是 1919 年设立在黄河陕州（现三门峡）的陕州水文站。民国时期在其他主要河流上也都相继设立了水文站，但由于战乱不断，水文工作时断时续。新中国成立以后，随着水利大建设，河南省水文事业才真正走上了蓬勃发展的道路。目前从河南省水文水资源局，到各地市水文水资源勘测局和分布于江河湖库的众多水文站，以及遍布全省各地乡村的雨量站、雨水情预警站、墒情站、水质监测点和地下水观测井等，已经形成了一整套比较完备的水文监测站网，组建了一支特别能吃苦耐劳的水文职工队伍。这是我们水利厅的一支技术精干队伍，是我们不同于其他部门的根本所在。正因为有了这样一支队伍，我们才能在历年

防大汛抗大旱的战斗中运筹帷幄，立于不败之地！才能使我们每一次防汛抗旱的决策做到了游刃有余，恰到好处！细细想来我们之所以有了几分坦然和自信，能够给党和人民交上一份满意的答案，也是和这支水文队伍的辛勤劳动分不开的。

驻马店小洪河的旁边有个老王坡滞洪区，在滞洪区的入口处有个桂李水文站，站上只有三名职工。这是个再小不过的单位吧，可就是它，却屡屡引起众多人的目光！每当大汛，从中央到地方的各级领导都会盯住在这里，聚集在这里，各路记者的镜头都会聚焦在这里。2007年大汛期间，为掌握防汛调度的第一手水文信息，一位副省长曾一度坐着马扎，长久守候在水文站的断面上，有位水利厅副厅长彻夜陪伴着水文站，和水文职工一道喝瓶装水，吃方便面。这是一种什么样的场景！河道里的水情只要稍稍有个波动，都会导致一个重大决策的产生。上游的来水怎么样，老王坡滞洪区到底分不分洪？全靠水文站的一个数据、一句话。这又是一种什么样的分量？！此时此刻，谁还能藐视水文站，谁还能说水文人的平凡！2000年6月10日，温家宝总理，在淮河上视察防汛水利工程，当他看到"河南水文"几个大字的时候，便信步走进了那个毫不起眼的淮滨水文站，认真听取了水文站长的口头汇报。这是一个偶然的举动，一个小小的站长，论级别只是个科级干部，却能面对面给国家总理做汇报，这恐怕也只有我们的水文站！并不是说我们的站长有多牛，而是水文这个行业在总理的心目中够分量！1999年6月20日，江泽民总书记亲自登上了郑州花园口水文站的测船上，当他听说水文数据汇总上来需要 30 多分钟的时间。不由得沉思了片刻说："水情资料的汇集，要越快越好。要充分利用现代化的通讯手段，保证在任何情况下都能迅速把数据拿到，为决策及时提供依据。"从此，一场提高水文测报能力的浪潮在全国迅速掀了起来。在这次浪潮中，

河南省加大了水文投资，经过 5 年多的努力，全省 120 多个水文站、1000 多个雨量站基本实现了自动测报，做到水文情报信息 15 分钟到省里，20 分钟传到中央，传输时间一下了缩短了 40 多分钟。尽管还没有完全达到总书记的要求，但是水文测报能力确实取得了长足的进步。

南阳荆紫关水文站工作人员测报洪峰

2010 年 7 月下旬，豫西南遭遇了特大暴雨，山洪暴发，洪流滔天，丹江等许多河流出现了新中国成立以来最大洪水，面对百年不遇的特大暴雨洪水，南阳水文局全体职工团结一心，应急响应，沉着应战，通过网络、电话、短信、文字等形式向各级防汛部门发送雨水情和预警预报信息。洪流俱来，桥毁路断，停水停电，米坪站一时成了与外隔

绝的"孤岛",洪水灌进了办公室,他们就连续三天在半人深的水里继续测算流量,发布水情。荆紫关水文站在测流缆道完全冲毁的情况下,舍身洪流,继续与洪水搏斗在一起。抢测到了每秒11400立方米的特大洪峰流量,并及时通报了下游沿岸县城及众多村镇,安全转移5万多人,无一人死亡,受到当地政府和群众的高度赞扬。

为此,南阳水文局和王立军局长分别荣立了集体三等功和个人三等功,荆紫关水文站站长黄志泉同志荣膺全国抗洪先进个人荣誉称号,并出席了在甘肃舟曲召开的全国表彰大会。这是全国水文战线在2010年唯一受到的最高荣誉。这不仅是黄志泉同志个人的光荣,也是我们水利系统乃至河南省的光荣。我们应为有这样一支特别能战斗的水文队伍,可亲可敬的水文人而感到无比的高兴和荣幸!

近几年来,水文工作越来越引起了党和国家的高度重视,吸引着各级领导的目光。2010年12月23日,经省委常委会研究批准,河南省水文水资源局正式升格为副厅级事业单位,进一步抬升了我们水文的地位。2011年中央和省委1号文件也都多处论述了水文建设与发展的问题。全省1000多名水文职工队伍,数千名委托观测员,遍布在了16.7万平方公里的各个角落,构成了一个水文水资源监测的天罗地网,时时刻刻都在为我们提供着水文水资源的各种情报数据。降水、蒸发、水位、流量、墒情、地下水、水质等信息源源不断地汇总到了省水文情报中心的数据库，只要你站在会商中心的大屏幕前，就可以随时了解到各地的汛情和旱况。省委书记、省长、副省长也都频频来到水文局，了解掌握全省各地的汛、旱情况。2011 年 2 月 15 日，省委书记、省人大常委会主任卢展工，省长郭庚茂，省政协主席叶冬松，省军区司令员刘孟合，水利部黄委会主任李国英，省武警总队总队长沈涛等时任领导一起来到省水文局，观看了地下水自动监测系统演示，听取了水文局的工作汇报。如此众多的省级领导同时来到水文局检查工作，听取汇报，这还是从没有过的。

水文是水利的尖兵，防汛抗旱的耳目，水资源保护的卫士。搞工程离不开水文，水资源管理离不开水文，防汛抗旱更离不开水文，民生水利、饮水安全、水生态环境保护同样也离不开水文。它既是水利部门自己的，也是全社会的。

但水文测站存在的问题还是不少的。首先是管理上太分散。一个水文站，作为水利厅直属的基层单位，代表的是水利厅的形象，践行的是水利厅的意志。他们长期驻守在十分偏远的地方，人员又极少，管理再不严格，就必然会出现思想散漫、作风不正、精神不振、环境脏乱，轻者严重损害水利形象，重者会造成我们的工作失误，给防汛调度带来不堪设想的严重后果。

再就是硬件条件差。水文站普遍存在着水文测验设施陈旧，技术含量不高，手段单一简陋，机动应急能力差。一个水文站除了驻站的水文测报，还管理着十多个甚至几十个巡测站、雨量站和预警站等业务，可站上至今还都没有一辆交通工具和专用的水

文巡测车。即便是地市水文局，车辆也极少，根本没有应急机动能力。在许多情况下至今还在靠"草把"浮标来测流，还在靠拼人力与洪水作搏斗！很多水文站至今还吃不上干净的水，走不上硬化的路，没有电脑，不通网络，没有可供消暑和取暖的空调。既是有了空调也养不起、用不起。办公室里冬天如冰窟，夏天似蒸笼。

水文长期没有设备"运行维护"费，"有钱吃饭，没钱干活"的状况，显然是很不正常的，也是必须要加以解决的。水利要跨越式发展，水文作为水利的基础，更要跨越式大发展、超前大发展！

要从根本上扭转这种不利状况，一靠资金投入；二靠政策制度；三靠自身素质。"十二五"水利投资将是"十一五"的数

淮滨水文职工利用先进水文仪器奋力抢测洪峰

倍。水文事业也必将进入一个飞速发展的大好机遇期。俗话说打铁还需砧子硬，没有金刚钻就别揽瓷器活。还是常说的那句话：要严格管理，练好内功，提高自身素质。对于整个水利，在面临"跨越式"发展的大好机遇面前，如果没有过硬的本领，是难以打好这一仗的，甚至会败下阵来！对于水文同样是这样。目前，水文要着重加强六个能力建设，即水文测报设施

综合能力、水文情报预报能力、水质水环境监测能力、地下水监测能力、水文信息自动化能力和供用水计量监测能力。要求强化水文行业的整体功能，保证水文信息监测、采集的全面性，传输、处理的及时性，咨询、服务的准确性。这是站在水利现代化管理角度，对水文发展所提出的根本要求。水利现代化，首先要水文现代化。前五项当前我们都有了一定的基础，只是需要快速提升、完善的问题。而供用水计量监测能力这一条还几乎是个空白，这与实行最严格水资源管理的要求是格格不入的。城市、农业、工业、生活各个方面的用水情况到底怎么样，效率是不是高，效益是不是大，配置是不是优，最终都是要靠数据来说话的。现在很多数据前后矛盾，经不起推敲，报成绩时是一个数字，反映问题时又是一个数字。因此没有我们自己的一套用水计量监测网，没有第一手准确及时的资料数据，要想实现水资源的科学管理和优化配置，是很难做得到的。

2009 年，陈雷部长提出了"大水文"发展理念，这和当前水利发展和社会要求是很相适应的。什么是"大水文"？简单讲就是广覆盖、重研究、高水平，水利建设走到哪里，水文就要跟到哪里。哪里有水，哪里就有水文。立足水利，面向社会，科学规划，突出重点，适度超前，全面发展，变被动服务为主动服务，着力于水文水资源监测体系建设，提高预测预报能力，推进体制机制改革，强化科技创新，带好水文队伍，以水文现代化的崭新姿态，为水利和经济社会发展提供可靠支撑，做出更多的

贡献！

近年来，各个城市都在注重河道治理，修建橡胶坝，改善水环境，看到清波粼粼的水面，令人心旷神怡，可就是这样的美景，也在时不时地吞噬着人的生命。游泳戏水是人的天性，如果能在这些公共场所的湖光水面里建一个水文警示塔，把水深、水温及时告诉给休闲游览的人们，我想是会深受广大人民群众所欢迎的。水文服务也是水利服务，水文要走出自己的闺阁，要拨开自己的面纱，面向全社会，面向人民大众。水文越通俗、越普及、人民就会越平安、越欢迎！

水文队伍堪称是水利自己的队伍，遍布各个地方，无论走到哪里，都能看到水文的身影。这使我们想起了一首歌曲："没有花香没有树高，我是一棵无人知道的小草，从不寂寞从不烦恼，你看我的伙伴遍及天涯海角。"我们的水文人不正是这样的小小草吗？水文是水利的耳目，我们就要像对待自己的眼睛和耳朵一样，来对待我们的水文事业，爱护我们的水文人。

对水文的管理，一是对水文队伍的管理，注重人才队伍的建设；二是对水文监测设施的管理，注重监测设施的维护与建设；三是机制、制度管理，注重政策法规建设。目前各地市的水文机构都已基本建立，但县级水文机构还是个空白，这对水利、水资源下一步发展建设是极其不利的，应该有个统一部署，逐步健全起来。水文是水利的基石，水利要走向社会，水文也必须走向社会！

就在本书即将完稿之时，水文事业"跨越式"发展已经拉开了序幕。据国家发展和改革委员会审批，自 2011 年起三年内，国家将从中小河流综合治理项目中，向河南水文投资 9.16 亿元。将新建水文巡测站 240 个，水文中心站 80 个，水位站 101 个，雨量站 2158 多个。这必将给我们的水文建设带来崭新的一页。

　　关于非工程措施及管理。非工程措施是相对于工程措施而言的。对于水利行业来说，除了水利工程之外的一切水利活动及手段，都属于非工程措施。当然，

水文监测

在水利建设与发展中，水利工程毫无异议地占据着十分重要的地位。但从现代水利和长远角度来看，水利工程只能是手段，而不是目的。水利的理想目标应该是要为社会经济发展奠定坚实的基础支撑，为改善保护生态环境提供重要的技术保障。加快水利改革发展，不仅事关农业农村发展，而且事关经济社会发展全局；不仅关系到防洪安全、供水安全、粮食安全，而且关系到经济安全、生态安全、国家安全。当防汛抗旱不再是兴师动众，当水生态环境、用水安全、山洪泥石流不再成为人们要担心的时候，那么我们的水利建设就基本到位了。

　　而要实现这样的目标，不仅需要众多的工程措施，而且还需

要十分完备的非工程措施。工程措施总有发展到一定限度的时候，而非工程措施却是永无止境的。

这里面不仅包括水文监测、水资源管理和优化配置，水土保持技术创新等，而且还包括水行政的体制、机制、法规、政策、制度的建立和创新。水是有限的，但水利建设与发展是永无止境的，治水是一个漫长的过程，随时随地都会出现新的问题和矛盾，只要有人类的存在就会有水利事业的发展。就像一个人并不会因为生活在更现代化的社会里，就不会生病一样。水利建设与发展也不会是一帆风顺，一劳永逸的。

如果把水利事业比喻为一个正常的人，那么工程措施就是一种健美体魄，而非工程措施就是内在的气质，它像一道茶，一壶酒，提高的是文化品位，练就的是内家功底，增强的是免疫能力和思想内涵。

在日常工作中，我们常常会遇到很多的尴尬。防汛抗旱、防灾减灾、民生安全、突发事件等诸多环节都还存在着许多薄弱点。防汛抗旱中，各种雨水情信息，目前大多都是从最基层一级级传输到了决策部门后，才又反馈到群众中，十万火急的情报信息转了一大圈当地群众才能了解到，而最佳的避险时机可能已经错后了。防灾变成了救灾。雨水情信息要有两个传输方向，一个是给决策者；另一个是给面临威胁的群众。前一个已经得到了高度重视，就不必多说。而后一个至今还没有得到足够的重视，还没有被纳入整体的规划，包括制度、措施和技术手段。这是值得认真研究的问题。2007 年，豫西发生特大暴雨，后来，我们在那里建立了山洪暴雨自动监测报警预警系统，系统发挥了重要作用，也说明我们的探索是完全对路的、成功的。全省像这样易发山洪灾害的地方还有很多，我们要加快这方面的建设步伐。同时已有的水文测报站网，也要加强完善这方面的功能。

防汛抗旱决策，最重要的是要及时了解真实的水情。2009 年初，一位省领导到各地察看旱情，半个多月到了好几个地区，走山路、进麦田，历尽千辛万苦，才察看到了数眼地下水观测井的实际情况。后来省水文局拿出了一个建设"墒情地下水自动监测信息服务系统"计划，以求改变这种现状。省里很快拿出了

自动雨量站

1200 万元，首先在豫东平原区，建了第一批 150 多眼地下水位自动监测井和 88 处墒情监测点，有关信息直接传输到了水利厅的墒情、地下水信息处理中心。只要轻轻一点鼠标，就可随时看到数百监测点的墒情和地下水的变化情况。时任省长郭庚茂和副省长刘满仓对此表示了高度赞赏，非常高兴地说："这 1200 万花得真值！"2011 年 1 月 17—19 日，由淮河水利委员会水文水资

源局局长罗泽旺带领的国家防总抗旱工作组在我省检查指导工作时，看到了这个系统后，连连点头说："河南在加强旱情监测预报，科学调度水资源方面走在了全国的前列，很了不起！这就是现代科技的效率。单就这样的系统，我觉得还有进一步完善的地方，一个是要扩大监测范围，再一个要丰富系统的内容和功能。要是能把现有防汛自动测报系统与此结合起来，所能显示的内容不只是抽象的数据，还要有实时的图像和现场录像。如果能把水库、河道里的水情和态势也能直接传输到我们的大屏幕上，就如现场直播，岂不更好、更直观！"

国家要实行最严格的水资源管理制度，确立水资源开发利用总量控制，用水效率指标控制和水功能区纳污限量控制"三条红线"，建立水资源管理责任和考核制度。要逐步建立水资源保护和河流健康保障体系、防洪抗旱减灾体系、水利科学发展体系、法律体系、水价体系等，这一切无不是对非工程措施建设提出了更高的新要求。

总而言之，要实现水利跨越式发展，发挥水利事业的整体功能，满足社会经济可持续发展的需要，就要牢牢把握科学发展观，不断探索水利发展的新理念，建立起先进的理论思想新体系，以水利现代化为目标，不仅包括硬件的现代化，也包括软件的现代化、人的思想观念的现代化、行为方式的现代化。以工程措施为手段，以非工程措施为支撑，从全面管理上要效益！

正确处理好水利现代化建设与经济发展的关系，坚持把水利现代化建设作为经济发展的重要组成部分，并服务服从于经济发展大局；正确处理好工程建设与管理的关系，坚持建管并重，一建就管，建立适应社会主义市场经济体制要求的工程运行管理机制；正确处理好重点与一般的关系，坚持集中力量重点发展对区域生态及水资源利用影响较大的骨干工程，同时还要加快其他中小水利设施发展。没有大的解决不了防洪保安和水资源的有效供给，没有中小的水利设施，实现不了优化配置，也难以发挥工程效益。正确处理好国家和地方的关系，既要争取国家支持，又要坚持地方为主，自力更生，全民参与。只有坚持辩证思维，更新认识，统筹兼顾，全面安排，不断探索，不断创新，在行业管理上下硬功，才能走出一条中国特色的水利发展道路。

第 **8** 章

面对旱魔，我们这样说不

▶ **提要**

旧时的河南，地里长多少庄稼全得看老天爷的脸色。地理条件造就了河南水旱灾害多的特点，历史上灾害频繁。

2009 年，河南省特大冬春干旱发生。河南在保障国家粮食安全上，举足轻重，使命重大。应对旱情，河南立刻行动起来，水利部门和职工打响一场规模空前的抗旱救灾战役。2009 年 3 月 26 日，抗旱阶段性的战果也令人欣慰、令人满意，河南大部分旱情也得以解除。"夏粮丰收 600 行动计划"提出，河南抓紧建设应急灌溉工程。回望抗旱，经验总结。2009 年两会，作为大会代表，编者曾建议：加强河南农村水利基础设施建设，建立抗旱夺丰收长效机制。2011 年，河南省再遭严重的冬春连旱，中原大地再一次饱受洗礼。全民皆兵，水利当先，最终又打了一场漂亮的胜仗。庄稼生长需要水分的关键时期，如果老天爷再来一次干旱怎么办？河南未雨绸缪，抓紧建设抗旱应急灌溉工程，要求 2011 年 3 月底前必须完成任务！

2011 年，中共中央、国务院以"1 号文件"形式，做出关于加快水利改革发展的决定，河南水利迎来了又一个春天。同时，省委 1 号文件也指出要提高防汛抗旱应急能力，要求大兴农田水利建设。

干旱的问题，没有人能够彻底解决。但是，河南水利有效解决了大旱影响粮食生产的问题。河南的综合防旱抗旱能力也将不断得到全面提升，持续为稳粮保丰收提供坚实支撑，为国家粮食安全保驾护航！

在历史的长河里，生活在河南这片广袤土地上的人们，祖祖辈辈在黄土里辛勤耕耘，胼手胝足，可地里能长出啥庄稼，收成会如何，却全得看老天爷的脸色。可在今天我们却敢说，这个脸色，得看我们的水利了。

河南地处九州之中，中原之衢地，地跨四大流域，在地理位置上属于南北气候过渡带，气候灾害种类多、强度大、频率高，是全国受气候灾害影响最严重的省份之一。全省多年来，尤其是近几年的粮食生产，一直是在同多发、并发、重发的自然灾害斗争中进行的。在最近的短短4年里，就接连发生了两次历史罕见的特大干旱。

人们都还记得从2008年10月下旬开始，长达107天几无降雨，中原大地冬春连旱、农田龟裂、河堰干枯，空气中弥漫着焦燥的气息，5500万亩麦田干渴异常。本该返青的麦苗大片泛黄、干枯，踏在上面，浮土能盖住脚面，甚至稍遇火星就会燃烧起来。

登封市徐庄镇安沟村一位老人说："我活了60多岁，都没见过这么旱的天。"由于附近水源枯竭，远处的水库水又太远，抽不过来。全村上千人只能靠买水过活。

从豫北到豫南，从豫西到豫东，从飞驰的车窗往外看，满目焦黄的麦田，让人揪心。兰考、民权一带小麦大都呈枯黄状态。睢县西陵寺镇李大庄西头一块约30亩的麦田里，一位农民随手拔起一撮麦苗，看不出一丝绿色。

一时间，河南大旱成了举国关注的焦点。

省水利部门一面迅速组织考察组到各地收集旱情资料，向省委、省政府做了详细汇报。一方面调动一切水利设施，开展紧急抗旱救灾。党中央、国务院也对此给予了高度重视。温家宝总理亲临河南现场检查指导抗旱工作，强调旱区各地要把抗旱工作做为当前经济工作的重中之重，切实抓紧抓好。回良玉副总理亲自主持召开专题会，宣布启动抗旱一

白沙水库放水抗旱

级应急响应。水利部陈雷部长，鄂竟平副部长、刘宁副部长多次研究部署，协调各方全力支持，调拨特大抗旱经费，并派出工作组和专家组现场指导抗旱救灾。

旱情就是战场，省委、省政府更是明确提出，抗旱浇麦，确保夏粮持续丰收是当前的重中之重，一天也不能拖延。并及时调拨抗旱资金数千万，动用省长基金3000万用于抗旱应急工程设施建设，军民齐上阵，突击打机井，购买抽水设备上万台。每

个厅都组织了由一名副厅长带队的工作组，迅速分赴乡村田头，一场"百厅包百县抗旱浇麦夺丰收"大行动，在省迅速展开。"旱情不解除，人马不撤回。"这就是他们临行前的一致誓言！

然而，屋漏偏逢连夜雨，天旱又遇水源短。2008年汛期，全省雨水本来就偏少，汛后又接连数月无有效降水。地下水源得不到有效补给，水库蓄不到有效水源，全省很多河道来水持续偏枯，大量昔日水量丰沛的河道，只剩下涓涓细流，甚至断流，裸露的河床，在毒辣的太阳下，形成了龟裂的片片板块。绵延数公里甚至数十公里的河床上，大量死亡鱼虾散发出难闻的腥臭。原本苍鹭、水鸟嬉戏的湿地，几乎看不到鸟的身影，曾经的水上运动训练基地，也不得不关闭歇业了。大河断流，地下水位持续下降，群众吃水困难问题越来越严重，部分城市供水开始出现紧张局面。

大批水库有效蓄水已基本用完，部分水库作为供水水源地，也只能勉强抽水来维持附近居民用水，基本到了限时供水的局面。位于河南禹州与登封市交界处的白沙水库，是一座以防洪、灌溉为主的大（2）型水利枢纽工程，水库蓄水总量较往年至少偏少近三成。豫西地区的陆浑水库存水量更是少得可怜，不到历年同期的一半。许多船只，只好搁浅在干涸的河床上。在嵩县山区许多乡村，只能长途跋涉下山挑水，往返2个多小时才能担回一担水。

持续的干旱对群众承包的鱼塘及一些坑塘蓄水工程也产生了明显影响，不少养鱼、种藕的坑塘几近干涸。正阳县吕河乡一处村鱼塘，水面 20 余亩，它同时也是当地一个村庄的唯一灌溉水源。干旱少雨，烈日当空，鱼塘主动员村民到他承包的鱼塘担水、抽水灌溉麦田，鱼塘里几乎没有了水，而塘里还有价值 5 万多元的小鱼。为了抗旱，塘主指着仅剩下小半塘水的鱼塘说："就是塘里的水抽干了，鱼死光了，我也心甘情愿"。

登封市颍阳镇是当地的农业大镇，面对大片枯黄的麦田，一位镇长显得很无奈："主要是水源问题，村子里虽然有机井，但根本就取不出来水。"

有难方显英雄本色。老天无情人有情，天不帮忙人自奋。全省水利系统抽调 120 多名技术人员，组成 45 个督导工作组，分赴旱情严重的 10 多个地、市，指导科学灌溉。各市、县水利部门也纷纷奔赴一线，重灾区更是全部出动。同志们走村串户，深入田间地头，一个村一个村地查，一片田一片田地看。为了抗旱救灾，夺丰收，呕心沥血，在所不惜。

众所周知，抗旱的关键是要有水。没有水，

新密牛店集雨水窖工程

一切无从谈起。而水源，一是地表水；二是地下水；三是外调水。无论用哪种水源，都离不开水利工程作支撑。

水库、灌渠、机井、提灌扛主力，坑、塘、堰、坝、窖齐上阵——正是这些大大小小、星罗棋布的水利工程设施，联动共振，发挥出来强大的效力。焦急的人们盼望水，干渴的麦田渴望水，当黄河大功引黄灌区开挖、疏浚完成通水那天，沿线数万群众敲锣打鼓，载歌载舞，自发涌向渠堤，有的还特意带来红枣、花生和鸡蛋，送给参建者，感人情景，历历在目。

在这场全民抗旱"大会战"中，河南投入抗旱资金、人力、设备，空前之多，前所未有。按照"应急工程建设和抗旱规划相结合、应急抗旱和长久抗旱相结合"的原则，全省整合涉农资金，再投资12亿多元，用最短的时间，在缺乏灌溉条件的地方建设一批应急灌溉工程，新增灌溉面积1239万亩。这批"应急"工程，恰好"应急"在了小麦拔节、灌浆的关键时期，发挥了显著成效，为夏粮丰收奠定了坚实的基础，也全面提高了全省防旱抗旱能力。

应急工程重点在"急"字上。省委、省政府要求"急事急办、特事特办"，水利部门迅速行动，广袤的中原大地，数百个工程队紧张施工，上千个村的田间地头机器轰鸣……但是再特、再急，工程质量也不能含糊。督察组严格要求把好材料采购、技术标准、队伍准入、工程质量四个"关口"。按照项目县30%的乡镇、乡镇30%的工程的比例进行抽查、督导。厅领导带队突击检查，发现问题，当即解决。在一次工程联合大检查中，有一枢纽闸墩不合格，当地渠村灌区管理局立即召开现场会，砸掉闸墩，重新返工，以此为戒。

有无水利两重天，有田无水半亩产。2009年的5月底，当人们再走进麦田的时候，那满目的金涛麦浪，仿佛向人们招手问好，望着用手搓出来的饱满麦粒，人们脸上不禁挂满了喜悦之情，那是来之不易的由衷之喜啊。

中原的夏天，艳阳高照，麦香遍野，河南

宝丰县石桥镇万亩高产示范方喜获丰收

水利终于奏响了凯旋的乐章，人们辛勤的汗水终于浇灌出了丰收的乐园。2009年，河南夏粮总产量一举突破613亿斤，再创历史新高，实现了连续6年大丰收！这是河南水利之威！这艘为粮食安全保驾护航的"护卫舰"，终于出色地完成了光荣而艰巨的任务，载誉而归了！

丰收时节，人们是喜悦的。回过头来，走进基层，提起水利，干部群众无不交口称赞。他们表达最多的就是，在这样的大旱之年，能取得这样的大丰收，应给水利部门记大功！的确，大旱面前，河南6万多名水利人用实实在在的行动，诠释

了"献身、负责、求实"的水利行业精神，展现了良好的社会形象。

大旱期间，恰逢水利面临"四件大事"。一是中央拉动内需新增投资，强度大、时间紧、任务重；二是水管体制改革进入冲刺阶段；三是抗旱任务空前之重；四是抗旱应急工程突击建设。四件大事都急迫，哪一件都不能耽搁。在那两个多月的时间里，审项目、下计划、拨资金、协调关系、下情上报、检查督导，件件工作都必须切实落到实处。特别是春节后最紧张的十几天，从领导层到普通职工，高强度运转几乎到了极限。想起那段日子，许多职工内心依然不能平静。正是靠这种顽强拼搏、甘于奉献的精神，河南水利系统才确保了"四件大事"的全部完成，得到了省委、省政府和人民群众的高度赞扬。

至今，回首那场抗旱战役，我们仍然有很多话要说。

通过这次抗旱，让人感受最深的是，面对如此大旱，水利工程的巨大作用可以用"中流砥柱"四个字来形容！如果没有新中国 60 年来水利建设的积累，要战胜旱灾，夺取粮食丰收，无法想象。

在应对这场历史罕见的特大干旱中，河南水利部门各项工作虽然繁忙，但忙中不乱、紧张有序、有条不紊，这与我们的抗旱思路发生转变密切相关。

从被动抗旱向主动防旱转变，从单一抗旱向全面抗旱转变。水利部党组根据新时期经济社会发展对抗旱工作的新要求提出的抗旱新思路，在这次抗旱实践中，得到了切实贯彻和扎实实践。

先说从被动抗旱到主动防旱。

抗旱与防汛密切相关，水多要防汛，水少要抗旱。道理非常简单，水多了淹，水少了旱。如何处理好两者的关系，成为新时期防汛抗旱面临的新课题、新挑战。水利部明确提出防汛抗洪要实现从"控制洪水向洪水管理转变"，也就是在确保防洪安全的前提下，适度承担风险，通过科学调度，多拦蓄雨洪，使洪水资源最大化，尽可能多地为汛后用水储备水源。

按照这一思路，早在2008年汛期，我们就针对全省平均降雨较常年同期偏少的实际，科学调度，拦蓄雨洪，并根据气象预报，提前加大水库汛末拦蓄，充分利用雨洪资源。据统计，全省20座大型水库汛末（10月1日）蓄水38.21亿立方米，中型水库汛末蓄水9.98亿立方米，不仅比

田间水窖

汛初（6月1日）增加了很大一部分蓄水，比多年同期均值也多蓄了很大一部分水。这无疑为抗击特大干旱超前储备了水源。

2009年的旱情出现后，河南省水利厅即密切关注其变化，根据发展态势，未雨绸缪，主动出击。早在2008年12月，就按照国家防总的要求，下发了做好抗旱工作的通知，要求各地抓住

冬季农田水利基本建设的有利时机，修建了各种蓄水、引水、提水、雨水集蓄工程，加快抗旱应急水源建设。同时，调拨资金，主要用于旱情较重的安阳、鹤壁、新乡、焦作、濮阳、开封等市水源工程建设。

编制抗旱应急预案，是由被动抗旱到主动防旱的又一个重大举措。省水利厅按照国家防总的要求，从 2005 年起开始编制《河南省抗旱应急预案》，并于 2007 年 4 月 9 日印发执行。对可能出现的不同旱情，建立了四级应急响应机制，并分别明确了每一级响应具备的条件和应采取的具体行动。

河南省抗旱应急预案的干旱预警等级分为四级，即Ⅰ级预警（特大干旱）、Ⅱ级预警（严重干旱）、Ⅲ级预警（中度干旱）和Ⅳ级预警（轻度干旱）。当区域受旱面积比例大于50%，饮水困难人数大于400万人，为Ⅰ级预警（红色预警）；当区域受旱面积比例为30%~50%，饮水困难人数100万~400万人，为Ⅱ级预警（橙色预警）；当区域受旱面积比例为10%~30%，饮水困难人数20万~100万人，为Ⅲ级预警（黄色预警）；当区域受旱面积比例为5%~10%，饮水困难人数小于20万人，为Ⅳ级预警（蓝色预警）。

在 2009 年抗旱中，省水利厅根据当时的具体情况，先后启动的抗旱Ⅲ级、Ⅱ级和最高级别的Ⅰ级应急响应，因势利导，各个击破。这一应对特大干旱指挥决策的重要依据和行动指南，首次运用就显示了其强大威力和良好效果。

再谈从单一抗旱到全面抗旱。

传统意义上的水利部门抗旱，主要是服务农业。如今，随着城乡一体化进程的加快，以及人们对良好生态环境的需求，单一农业抗旱的思想，已经是瘸着腿走路。必须实行城乡统筹，实行生活、生产、生态统筹，并坚持以人为本，确保城乡居民生活用水安全，这才是如今抗旱所面临的新形势新任务。

在应对这场特大干旱的过程中，无论是调引黄河水，还是调用河湖、水库水；无论是建应急引水工程，还是打井抽取地下水；无论是利用坑、塘、堰、坝、窖等"五小水利"工程，还是应急服务队拉送水……每一项都贯穿和体现着我们的新思路——既满足城市也满足乡村；既满足生

安阳旱井水窖工程

活、生产，也考虑生态，尽可能减少对生态的影响；既满足上游也兼顾下游。统筹安排，合理规划，精算水量，优化配置。

在大旱期间，恰逢全省有 400 座病险水库被列入国家除险加固规划，大部分水库正在施工或准备开工。为了保证工程正常施工，必须放弃一部分蓄水，对此我们及时下发通知，要求各水库管理单位统筹考虑，在不影响工程关键部分施工的同时，尽可能少放水，缓解抗旱时期的用水供需矛盾。

回首过往，乃知大旱之年大丰收的来之不易。

近500年史料记载，新中国成立前的三次大旱，中原儿女饱受其苦。

清朝光绪二至四年，也就是1876—1878年持续三年的全省特大干旱，时间达到7~12个月甚至18个月，全省报灾的87个府、州、县，饿死者近200万人，为全省人口的十分之一，等待赈灾饥民不下五六百万人。

1941—1942年特大旱灾，时年出版的《解放日报》称："河南本年受灾百余县，灾民过千万，仅郑州一地，灾民每天饿死者达百人以上"。又据南阳《前锋报》通讯称："在黄泛区，野犬吃人吃得两眼通红，有许多还能蠕动的人都会被野狗吃掉。在郑州，成群的乞丐掘食死尸"。又据《新华日报》称："是年大旱，遍及河南全省，全年收成不及十之一二"。

时年，社旗"自仲秋起，一直到十月未下透雨，池塘干涸，河水绝流。人畜饮水困难，作物枯死，秋未入库就断粮"；新蔡"二麦被风摧残，损失太重，麦收后无雨，高粱枯槁，豆棉未播种"；安阳"春季苦旱，二麦未收，秋收下种后，又亢旱不雨，苗尽盈尺，未能结实"；唐河"大旱，作物几乎全部旱死，民吃草根树皮，卖儿卖女"。

大旱面前，旧政府腐败无能，百姓只能哭天天不应。

在老人们的记忆中，像这一次的旱情，若放在过去，不知有多少人要家破人亡。我们今天，却依靠着水利设施的强力支撑，顽强地战胜了旱魔，硬生生的在大旱之年"夺"来了一场粮食丰收的大胜仗！这个"夺"来的胜利，更显得弥足珍贵。

这次抗旱，河南水利人悟出了很多，也明白了很多。

从抗旱工作中的点点滴滴，不难看出，在新的治水思路指引下，水利部门考虑的不再是单一，而是全面；不仅仅是微观，而是着眼宏观，用系统的思维统筹全局。这充分表明，新的治水思路和理念，开始深深植入水利系统干部职工的心中。

2009年这一场特大干旱，虽说最终以人力战胜自然而告终，但有些事情却让人至今难忘，让人有了更多的沉思。对于目前河南水利基础设施的状况，我们既有信心也深感忧虑。在2009年召开的十一届全国人民代表大会第二次会议上，河南省水利厅参会的代表同志特别呼吁：必须加大水利建设投入，尽快建立抗旱保丰收的长效机制。

河南是全国粮食生产核心区，对保证国家粮食安全举足轻重。水利是农业的命脉，是粮食丰收的支撑。2009年的特大干旱，多亏了水利工程。新中国成立以来，特别是改革开放以来，在中央的高度重视下，河南历届省委、省政府都把水利放在重要位置。目前，全省已初步形成了水源工程体系和灌溉工程体系，正是这些工程在抗击特大干旱的战役中发挥了基石、堡垒作用，为确保粮食丰收立下了汗马功劳。

但是，一个不可否认的事实是，这些工程大多修建于20世纪70年代以前，因当时条件所限，普遍存在工程设计标准低，

建筑材料质量差，配套不完善等问题，造成工程"先天不足"。投入运行数十年来，后期维修养护管理跟不上，老化失修严重，致使工程长期带"病"运行，灌溉能力严重衰减，一些中型灌区甚至已经名存实亡，一些地方农田水利基础设施已严重"透支"。

在抗旱中，这些问题充分暴露了出来。首先是农田水利基础设施建设滞后，水资源保障能力不足。目前，全省有251处万亩以上大中型灌区，有效灌溉面积无法达到设计灌溉面积；全省灌溉机电井120多万眼，其中不少已进入报废期；还有3300万亩耕地缺乏灌溉条件。其次是，税费改革取消"两工"后农田水

安阳红旗渠技改工程

利基本建设受到影响。长期以来，广大群众以"义务工"和"劳动积累工"形式投资投劳开展农田水利基础设施建设，增加了农田的灌溉保证率，大大提高了农业的综合生产能力。税费改革中"两工"被取消，虽然各级政府加大了农村水利建设的投资，但主要投资在骨干工程上，而末级渠系等田间配套工程缺乏固定投资来源，长期得不到整修，大大削弱了农业的抗旱能力。而这些，也正是让人忧虑之所在。

在这次特大干旱过后，省委书记徐光春表示，实践证明，要想让水利基础设施真正在大涝时成为抗洪的"防火墙"，在大旱

时成为抗旱的"及时雨"，必须长期开展水利基础设施建设。省水利厅也清醒地认识到这一点，要从根本上扭转这种局面，迫切需要全方位地加大农田水利基础设施建设的力度。

在十一届全国人民代表大会第二次会议上，河南代表向大会提交议案：加强河南农村水利基础设施建设，建立抗旱夺丰收长效机制。呼吁国家应继续加大水利投入，完善工程体系，加快水源工程和抗旱应急水源工程建设。国家和各级政府应进一步加大农田水利基础设施建设力度，特别是要加大对原有灌区续建配套与节水技术改造支持力度，争取早日完成大型灌区续建配套与技改任务。加大对重点水利枢纽工程建设的支持力度，认真解决灌溉水源不足的问题。据此，应尽快出台政策，建立基层抗旱工作、末级渠系及小型农田水利基本建设新机制。要将各类灌区末级渠系配套改造项目列入基本建设项目，加快建设，充分发挥灌区的整体效益。同时，对农民群众投工投劳用于农田水利基本建设出台补助和奖励政策，鼓励农民群众和社会各界投资新建、维护农村水利工程。对农村抗旱投入实行补贴政策，降低农民抗旱成本，支持抗旱夺丰收。此外，还建议国家对粮食核心区水利工程建设应给予西部大开发优惠政策。

2009年那场大旱的硝烟还未散尽，中原大地再一次饱受了大旱的磨难。自2010年9月27日至2011年2月，全省大部分地区连续130多天无有效降水，小麦受旱面积高达3430万亩。

时年旱情，大部分地区主要是表墒不足。局部地区由于土壤

类型和整地质量差异，导致旱情较为严重，突出表现为根系发育不足。从苗情上看，既有壮苗，也有弱苗。苗情和旱情的双重复杂局面，使得冬小麦田间管理难度加大。因此我们因地制宜，科学抗旱，根据不同苗情、不同地域、不同土壤有针对性地搞好肥水管理，确保了小麦壮苗越冬。

随着抗旱成效的不断显现，大部分旱情得到了基本控制。也许是我们的抗旱决心感动了上天吧，2011年2月下旬，全省普遍下了一场大雨雪，全省大部分地区旱情得到了彻底解除。

又是一场漂亮的胜仗。

作为水利人，我们很振奋，这两场抗旱仗打赢了，老百姓都为水利叫好。

很早以前，我们就在思考，抗旱减灾工作是一项系统工程，涉及社会方方面面，需要多部门、多行业、多地区的密切合作，需要全社会共同参与。科学有效地规范社会各方面的权利和义务，是做好抗旱减灾工作的保证。但是多年来抗旱工作缺乏强有力的法律保障，各级政府主要依靠行政命令和行政手段，突出短期行为，缺乏长效机制，很难充分发挥有限水源的统一调配和抗旱效益。

这样的情势下，长效机制应运而生。2011年1月1日，《河南省实施〈中华人民共和国抗旱条例〉细则》（以下简称《细则》）正式实施了，这是省政府出台的第一部关于抗旱减灾方面的专项法规。河南省抗旱工作步入了有法可依的新阶段。

《细则》明确了河南省各级人民政府、有关部门和单位在抗旱工作中的职责，从旱灾预防、抗旱减灾、保障措施、法律责任等方面确立了一系列重要制度，如确立了抗旱预案制度、抗旱水量统一调度制度、抗旱信息统一发布制度等，对推行依法抗旱、依法行政将发挥重要的法律保障作用。同时规定，抗旱工作实行各级人民政府首长负责制，任何人和单位都有保护抗旱设施和依法参加抗旱的义务。在紧急抗旱期，有关人民政府防汛抗旱指挥机构有权在其管辖范围内征用物资、设备、交通运输工具等。对目前普遍关注的抗旱资金投入问题，要求县级以上人民政府应当建立和完善抗旱减灾资金投入机制，将抗旱工作经费和专项经费纳入年度财政预算，保障抗旱减灾投入。

　　《细则》的颁布施行，标志着河南省抗旱工作新阶段的开始。各地政府开始建立、完善与当地经济社会发展水平，以及抗旱减灾要求相适应的抗旱减灾资金投入机制，在本级财政中安排专项资金，保障抗旱减灾投入。同时统筹社会资金，调动社会各界参与抗旱工程的建设与管理。加强对抗旱服务组织的领导，明确职责任务，加大投入力度，满足其公益性服务所需资金和抗旱设施，充分提高抗旱服务组织的抗旱减灾能力。建立抗旱应急物资储备制度，加强抗旱物资储备和使用管理。按照政府引导、政策支持、市场运作、农民自愿的原则，积极推进农业保险。加强干旱损失评估、干旱监测预警和人工增雨等抗旱技术的研究，充分吸收和借鉴先进经验、技术，不断提高我省抗

旱减灾水平。

自此，建立和完善与经济社会发展水平及抗旱减灾要求相适应的抗旱保障体制机制，解决河南省抗旱工作中存在的矛盾和问题，开始拥有了法律武器。

2011年3月下旬，省水利厅几位领导来到商丘市虞城县的麦田里。放眼望去，一片油绿，庄稼长势喜人。前期的艰苦抗旱，看起来卓有成效。上旬的一场及时雨，又滋润了中原焦渴的土地。但是，农民兄弟的心情并没有因此而轻松下来。一位老汉望着麦苗，不无担心地问他们，马上就是春灌了，正是庄稼生长需要水分的关键时期，要是老天爷再来一次大旱，我们又该怎么办呢？

对此，省水利厅是有充分准备的，他们显得十分轻松而又信心十足地回答道："没问题！"给老农吃了颗定心丸。

领导的底气就在于全省再次安排了77亿多元抗旱保稳产资金，重点解决一些薄弱环节的灌溉问题，将新增、改善、恢复灌溉面积1351万亩。针对有灌溉设施，但因缺乏灌溉水源、灌溉设施损坏和不配套等原因出现灌溉困难的1351万亩麦田，从财政、发展改革、农业、水利、农业综合

新乡引黄灌渠

开发、国土资源等部门涉农项目资金中统筹安排在建、拟建和新建工程资金 77.25 亿元，采取在建、拟建和新建工程并举的办法，加快建设步伐，尽快建成并发挥工程灌溉作用，从而新增、改善、恢复这些麦田的灌溉面积，从根本上解决其灌溉问题。

当时抗旱应急灌溉工程的总体目标是：确保全省 8000 多万亩小麦实现夏粮总产 600 亿斤。一要确保水源有保证、灌溉设施齐全、灌溉周期较短的 5080 万亩麦田适时灌溉；二要采取应急措施提高 1351 万亩麦田灌溉保证率；三要通过落实雨后保墒和趁墒追肥等关键措施力争使无水源、无灌溉设施的 1600 万亩麦田少减产；四要解决山丘区因干旱造成的农村饮水困难问题。

项目主要包括，加快在建工程项目建设。包括大型灌区续建配套和节水改造、小型农田水利重点县建设、国家新增千亿斤粮食规划田间工程、新增农资综合补贴、2010 年度中低产田改造等，完成投资 50.62 亿元，确保 716 万亩灌溉工程如期完工并投入使用。提前安排拟建的工程项目，安排 2011 年度小型农田水利重点县建设、农业综合开发、大型灌区续建配套和节水改造等，投资 23.4 亿元，尽早发挥项目区 356 万亩工程灌溉效益。抓好新建的应急工程项目，省级财政筹措 3.22 亿元资金新建一批投资省、工期短、见效快的应急灌溉工程，重点用于引黄灌区清淤、灌区水毁工程应急修复、解决山丘区临时饮水困难、引黄

灌溉水费补助，解决 279 万亩灌溉问题，其中引黄灌溉 186 万亩。

这些项目见效没有？我们下去看了看。在虞城县刘集乡侯楼村麦田里，我们看到了很多正在进行修葺和刚刚开挖好的水井。村民杨文东指着不远处正在忙碌工作的钻井机，乐呵呵地说："这个事儿好得很呐！全村要打 50 口井，已经打了 30 多口。一口井，就能管 50 亩地，全部建成后，一个礼拜就可以把村里 3000 多亩地浇一遍。"

杨文东口中的"事儿"，就是虞城县抗旱应急灌溉工程项目的一部分。还有三义寨引黄灌区总干渠虞城县贾寨乡至杨集乡段，被当地人亲切地称为"济民沟"。但由于黄河水含沙量大，

大功灌区引黄入内工程竣工通水

这条沟已严重淤积，显得臃肿不堪，也被列入了这次的计划，3 月初已经接近了完工。当被问道渠道清淤有啥好处时，将要退休的水闸管理老工人杨德海笑笑说："好处大得很呐！没挖以前这沟里就存不住水。一清淤，水大好引，井也旺，浇地方便多了。"老人沧桑的面庞上，写满了自豪与幸福。

太行脚下、黄河之滨，新乡大功灌区引水闸，在 2011 年 3

月 14 日这天上午，举行了隆重的竣工通水仪式，滔滔黄河水源源不断地流向了焦渴的豫北大地。那气势宏伟的总干渠由南向北横穿新乡封丘、长垣，安阳滑县、内黄，以及鹤壁浚县等 5 个县，宛如一条蜿蜒千里的巨龙，给中原大地平添了一道亮丽的风景，终于圆了千万群众"引黄入内"的梦。

大功引黄总干渠早在 1994 年就已初步复建完成，但由于缺乏统管机构，河段淤塞日渐严重，灌溉面积仅有 30 万亩，补源面积也十分有限，还不到设计灌溉面积的 20%。处于总干渠末端的安阳内黄县，一直就没有通到水。内黄水资源严重缺乏，又没有可利用的地表水，工农业用水全部依靠开采地下水，造成采补失调，地下水水位逐年下降，形成大面积的漏斗区。

为了打通"引黄入内"总干渠，新乡、鹤壁、安阳等地不计地方得失，顾全大局，上下联动，多方协作，全力支持工程建设。滑县采取得力措施，精心安排，严排工期，不到一个月就已全部完成工程建设任务，为总干渠顺利通水提供了强力支撑。总干渠穿越浚县地界，虽然他们不能引水，但为保证"引黄入内"工程的顺利实施，县委书记亲自挂帅，对总干渠通过浚县境内的 7.2 公里部分进行了无偿清障。新乡、安阳等地驻军、预备役官兵、预备役民兵，动用施工机械，不畏艰险、连续作战，参与到工程施工一线，平均每天工作 12 个小时以上，为大功总干渠全线通水立下了汗马功劳。

　　"大功"终于告成，"引黄入内"，受益地区涵盖了豫北地区的5个县，58.5万亩良田得以灌溉，内黄县从此结束了守着黄河没有水的历史。尤其是这次工程竣工之日，正值春麦拔节之际，天旱恰遇及时水，滑县连续6年获得河南粮食总产第一殊荣。

　　当时一位河南省水利厅领导深情地说："大功引黄总干渠全线贯通，'引黄入内'的顺利实现，是各方辛勤努力的结果，是团结治水的伟大胜利。"

　　时任河南省水利厅常务副厅长的李孟顺说道："大功引黄总干渠顺利实现全程通水，为实现这些地区粮食稳产增产，提供了更加坚强的水利支撑！"

　　历史已经证明并将继续证明，大功引黄灌区的灌溉兴利作用对豫北地区是举足轻重的。承载着光荣与梦想，站在新的历史起点和节点上的大功引黄灌区，有充足理由谋求更高水平跨越，成为豫北地区今后经济社会发展的坚实支撑力量。

　　对于抗旱工作的首要目标，就是要提高抗旱的应急能力，尽快健全防汛抗旱统一指挥、分级负责、部门协作、反应迅速、协调有序、运转高效的应急管理机制；其次是加强监测预警能力建设，加大投入，整合资源，提高雨情汛情旱情预报水平；三是建立专业化与社会化相结合的应急抢险救援队伍，推进县乡两级防汛抗旱服务组织建设，健全应急抢险物资储备体系，完善应急预案；四是建设一批规模合理、标准适度的抗旱应急水源工程，建立应对特大干旱和突发水安全事件的水源储备制度；五是加强人工增雨（雪）作业示范区建设，科学开发利用空中雨水资源。

通过多年的实践，也通过这两次大旱的考验，对于如何防灾减灾，我们也有了更多思考。

在农田水利建设方面，重点在加强薄弱环节建设。"十二五"期间要重点完成 15 处大型和 30 处重点中型灌区建设任务。按照《河南省现代灌区建设管理标准》要求，努力实现投入多元、管理规范、制度灵活、效益提升，全面提升灌区建设和管理水平。到 2020 年，基本完成大型灌区、重点中型灌区续建配套和节水改造任务。结合全国新增千亿斤粮食生产能力规划实施，在水土资源条件具备的地区，新建一批灌区，增加农田有效灌溉面积。实施大中型灌溉排水泵站更新改造，加强重点涝区治理，完善灌排体系。健全农田水利建设新机制，中央和省级财政要大幅增加专项补助资金，市、县两级政府也要切实增加农田水利建设投入，引导农民自愿投工投劳。加快推进小型农田水利重点县建设，优先安排产粮大县，加强灌区末级渠系建设和田间工程配套，促进旱涝保收高标准农田建设。因地制宜兴建中小型水利设施，支持山丘区小水窖、小水池、小塘坝、小泵站、小水渠等"五小水利"工程建设等。大力发展节水灌溉，推广渠道防渗、管道输水、喷灌滴灌等技术，扩大节水、抗旱设备补贴范围。

赵口引黄灌溉工程鸟瞰

在引黄灌溉方面，重点完善调蓄工程建设。研究出台加大引黄力度的政策措施，充分利用国家分配引黄水量。新修一批调蓄工程，加大非灌溉季节引黄水量。综合利用现有平原水库、沉沙池或背河洼地等调蓄工程，通过改造完善其蓄水条件，做到丰蓄枯用、冬蓄春用。逐步实施粮食生产核心区的25处调蓄工程，新修5处渠首扬水泵站，提升引水能力。建立引黄渠道清淤长效机制。

水利固然是应对干旱的有效武器，但也更需要全社会的努力。河南，人口众多，工业用水、农业用水逐年增加，而有限的水资源又总是摆脱不了浪费、污染的硬伤。面对干旱，水源更加捉襟见肘。自此大家不禁要问：有朝一日，当我们无水抗旱，无水可用，那将如何？

因此，我们必须时刻保持忧患意识，千方百计地走节水之路。节水不仅是水资源短缺的要求，更是应对干旱的必然要求。

河南是农业大省，农业用水占了大半部分，抗旱如救火，一遇大旱用水量更会显著大增。要保证粮食安全，只有加大产业结构调整，大力推广节水灌溉。同时，也要控制工业用水，保证生态用水。在全省实行"三条红线"管理，形成一种爱水、惜水、节水的良好氛围。

干旱是老天的问题，人管不住天，人只要管住自己就行了。健全水利实施，实行科学调度，提高旱情监测预警能力和管理水平，增强节水意识，保护水资源与水环境，需要我们水利人长期不懈地努力。最近的两次大旱，之所以能够取得粮食大丰收，这显然是与我们的水利分不开的，是和我们全省人民奋力抗旱所分不开的。但我们也决不可以因一时的成功而利令智昏。与干旱做斗争，尤其是连续大旱，我们还有相当漫长的路要走。

第**9**章

为民生办水利，让水利利民生

▶ 提要

水是生命之源、生产之要、生态之基。兴水利、除水害，事关人类生存、经济发展、社会进步，历来是治国安邦的大事。《辞海》把民生定义为："人民的生计。"自古以来，防汛抗旱、水库除险加固，直接关系人民群众生命财产安全；饮水安全、小水电维系着人民群众的生活保障；水资源开发利用、农田水利、移民迁安，连接着人民群众的生存发展。民生水利就是以解决与人民群众休戚相关的水利问题为重点，让每一个人都能享受到水利发展与改革的成果。说到底，民生水利就是保障民生、服务民生、改善民生的水利工作。自水利部 2007 年提出"着力解决涉及民生的水利需求"，到 2008 年"把民生水利当作为当前水利工作的重中之重"，再到 2009 年全国水利工作会议上提出的"积极推进民生水利新发展"，民生水利犹如一根红线贯穿于各项水利工作中。

水利和民生息息相关。人类要生存，离不开水；人类要发展，更离不开水。我们的祖先逐水而居，以渔猎为生，首先解决的就是生存问题。当年洪水滔滔，大禹三过家门而不入，要解决的也是生存问题。而今我们兴水之利，驱水之害，同样是为了生存问题。民以食为天，食以水为本。人们要生活得更好，生活得更有滋味，我们办水利就是要让水利和民生需求统一起来，协调起来。

"水利"一词，始见于《吕氏春秋》，当时"取水利"仅局限于捕鱼之利。后司马迁在《史记·河渠书》中感叹"甚哉，水之为利害也"，这时的人们已经认识到水具有"利"和"害"的两重性。《辞源》定义水利为："采取人工措施控制、调节、治导、利用、管理和保护自然界的水，以减轻或免除水旱灾害，并开发利用水资源，适应人类生产、满足人类生活、改善生态和环境需要的活动。"但水利的这个定义，并不能涵盖我们水利部门的全部职能和作用。我

黄河邙山风景区黄河母亲哺育雕像

213

们这里的水利已不仅仅是为了生存和生计，而是关乎人类之发展，国家之强盛。它要解决的是一个国之大计，民之大计的问题了。

"民生"也是一个具有中国特色的概念。《辞海》把民生定义为："人民的生计。""民生"一词最早出现在《左传》"民生在勤，勤则不匮"。国父孙中山这样解释民生，他说："什么叫做民生主义呢……我今天就拿这个名词来下一个定义，可说民生就是人民的生活——社会的生存、国民的生计、群众的生命便是。"进一步解释"民生就是政治的中心，就是经济的中心和种种历史活动的中心"。我们当今提倡的科学发展观更是强调以人为本，把人民的利益放在第一位，更关注人们的生活质量、幸福指数。因为只有人民幸福安定，国家才能长治久安。

2007 年，水利部提出了"着力解决涉及民生的水利需求"，2008 年，又提出了"把民生水利当作为当前水利工作的重中之重"，2009 年，全国水利工作会议上进一步提出了"积极推进民生水利新发展"。从此，民生水利犹如一根红线贯穿于各项水利工作中。

那么我们过去建设的那么多高、大、强的水利骨干工程，是不是民生水利呢，当然是。那么现在为什么才要提出民生水利呢，而且还要把它列到"当前水利工作的重中之重"呢？这实际上是要解决水利与人的接轨问题。那些高、大、强的水利工程，尽管都关乎民生，却似乎离人的切身生活太遥远了。例如大型灌区的干渠修好了，可水就是通不到老百姓的田地里；水库建成了，库区百姓的家园却没有了；滞洪区建好了，可滞洪区的群众却从此生活在了朝不保夕的阴影里；封山育林、水土保持做好了，可人们却失去了烧火做饭的薪柴，野生动物保护了，老百姓的庄稼却被糟蹋了。凡此种种，水利似乎与民生总是发生着矛盾的冲突。如果再不解决"保护一部分人，损害一部分人"的局面，那么你再说"水利为民"就大打了折扣。民生水利就是要让每一个公民都能享受到水利改革与发展的新成果，让人人都能享受到水利给他们带来的切身实惠与保障。只有解决了人们最切身的利益，国家才能达到长治久安，人民群众才能得到真正的幸福与安康。

民生之本——让干渴的农田不再喊渴。我们的祖先郑国（今河南新郑）大夫邓析，早在春秋时期就发明了桔槔提水，以灌溉干渴的农田，好让田地里生产出更多的粮食。当他看到农民灌田用瓦瓮从水源地取水，背到田头进行浇灌，不仅劳动强度大，而且效率低时，就开始琢磨并反复试验，发明了一种省时省力的新型灌溉工具，取名桔槔。主要是通过在水井或渠塘边埋一根竖杆，再将一个较长的横杆架在竖杆上，横杆末端悬挂一个重物，前端悬挂汲水器，当把汲水器放入水中打满水后，再由人力对横杆末端向下加力，由于杠杆的作用，便能轻松地把水提升至所需浇灌的农田里。原来5人背水一天仅能浇一畦地，使用桔槔一天浇地可达百畦。

桔槔一直沿用了 2000 多年，直到 20 世纪 50 年代，桔槔故乡的新郑仍在使用它。

千百年来，人们习惯于在有河流、塘堰的地方，逐水而居。在没有地表水源的地方，人们则学会了凿井取水。

从土井到砖井，再到现在的水泥筒或钢管井。提取井水的方式，也从过去的人力，到后来的辘轳、水车机械工具，再到现在的机电井，电闸一合，马达一响，几十米深的井水就会喷涌而出。

早在 1934 年，毛泽东在瑞金就发出了"水利是农业的命脉"的号召。多年以来，我们水利人也一直坚守着这样的信条，致力于"旱能浇、涝能排、旱涝都能保丰收"的不懈努力之中。近年来，又借国家加大水利投资的东风，多策并举，在民生水利上进行了新的积极探索，并采取了一系列有效措施，使民生水利渐渐深入人心。

一是开展"红旗渠精神杯"竞赛活动，以"红旗渠精神"推动农田水利建设。人是要有点精神的，有了精神，就有了积极进取的动力。"红旗渠精神"是植根于我们河南大地的土生土长的水利精神食粮。1990 年，省政府决定在全省开展农田水利基本建设"红旗渠精神杯"竞赛活动。作为农业战线的最高荣誉，每年评比一次。对于获奖杯或奖牌的县，省政府给予表彰和奖励。这一措施在水利建设投资相对低潮的时期，有效地促进了全省农田水利建设的大发展。

二是积极争取中央投资，为农田水利建设提供资金保障。俗话说："兵马未动，粮草先行。"要搞农田水利基本建设，无论如何也都是要花钱的。但现状是水利投入严重不足，且缺乏长期稳定的投入机制和稳定的资金投入渠道，"今年有，明年无"，致使许多水利工程留下了不小的尾巴，甚至是半途而废；即使建成了的工程也因缺少养护，造成效益衰减。

中央实行财税分开，分灶吃饭后，争取中央投资必然成为重要资金渠道。省以上安排的水利投资在 1999 年还不足 6 亿元，以后连续 8 年低迷，到 2007 年增加到了 22 亿元。这样的投入对我们这个水利大省来说，依然只能是杯水车薪之效。为改变这种现状，我们在充分做好项目储备前期准备的基础上，抢抓机遇，多方出击，八进北京，在 2008 年一下争取到了省以上水利投资 56.6 亿元，较上年净增加了 34.6 亿元。2009 年又增加到了 96 亿元，其中仅用于抗旱应急和防汛除涝建设资金就达到 13.5 亿元。经过连续数年的努力，河南水利长期积累的"欠账"问题得到了初步解决。

三是"打通最后一百米"，把幸福水送到人们的心坎上。守着灌区浇不上地，这是许多农民长期遇到的困局。为此我们积极做计划报项目，争取中央财政补

商丘市睢阳区小农水重点县建设在抗旱应急中发挥作用

助专项资金，以"民办公助"方式，开展小型农田水利建设，"解决最后一公里""打通最后一百米"，把幸福水送到田间地头。

对此，滑县留固镇东新都村村民王兴结不无感叹地说："小农水工程就是好！原来浇地要四五个人，光浇地的管、泵、膜都要拉一车，一上午也浇不了一亩地，现在一个人，一张卡，一个小时一亩地就能浇一遍。"

范县水务局局长荣玉清如是说："小农水项目就是'聚宝盆'，投到哪里，哪里群众就会受益。原来老百姓引黄河水，沿渠跑冒滴漏，需要两三天时间才能流到地头，可现在渠道衬砌后，3个小时就可以了。"

"小农水"在给农民带来实惠的同时，也给农村带来了新面貌。在这里人们可以清楚地看到一条条田间水渠、道路和林带携手而行，把单调的黄土地装点得摇曳多姿，打着"河南水利"徽标的蓝白色井房点缀在五彩变幻的田野上。人们在这油画般的田地上劳作，无不充满着丰收的喜悦！

四是用现代灌区新标准，打造粮食生产核心区。每一个灌区都是我们的粮食主产区，粮食产量大约占了全省粮食总产量的60%。2000年豫北发生大面积内涝，滑县大功引黄灌渠共向金堤河、卫河排泄涝水近1亿立方米，有效地减轻了洪涝之灾；信阳市2001年连续3年遭受大旱，而灌区范围内却是一派丰收景象，大旱之年亩产仍达500公斤；南阳鸭河口灌区自1970年开灌以来，累计引水 156 亿立方米，因灌溉而增产的粮食 75 亿斤，增加农业产值 60 亿元。南阳灌区占全区 1/6 的耕地，却生产了全区 1/4 的粮食。

灌区的效益取决于管理的水平。为此我们制定了《河南省现代灌区建设管理标准》，在统一规划、统一建设标准下，整合各方资金，引导农民筹资投劳。按照"性质不变、渠道不乱、统筹安排、集中投入、各负其责、各记其功"的原则，形成一种"不管谁投资，只要在灌区内就行，不管谁建设，只要是灌区工程就行"的多元化投入建设机制。以县为单位，以支渠为单元，对骨干渠道与末级渠道统一配套建设，发挥整体效益，达到"建设一条支渠，灌溉万亩田地"的目标。

在灌区进行五级渠系示范区建设，是河南水利的又一个创举。2010 年争取中央新增农资补贴资金 7.5 亿元，我们选择了 12 个大、中型灌区作为现代灌区示范区；同时着力打造了鸭河口、杨桥 2 个省级 5 万亩示范区，人民胜利渠、广利等 32 个大型灌区和 7 个重点中型灌区示范区。对这示范区从项目上给予支持，资金上给予倾斜，使它们成为灌区的亮点，当地农村的一道风

鸭河口灌溉总干渠

景线。

五是推进"小农水"设施产权制度改革，用健全的工程管护机制，保证农田水利工程持久发挥效益，长期滋润百姓心田。水利工程建设是一次性的，管理则是长期的，管理的好坏直接影响着效益的发挥。尤其是末级渠系、小型桥涵闸及小塘坝等，存在着工程大家用，用后无人管，坏了无人修的问题。一个连续8年被河南省政府表彰的"红旗渠精神杯"获得县，竟也面临黄河水引渠不畅通，机井年久失修、损坏严重的问题，全县1.1万眼机井，在2009年抗旱中，能正常使用的只有3800眼。县水利局主管副局长给出的解释是："这些机井大都是20世纪90年代初修建的，已超过了使用年限。加上前几年雨水多一些，群众忽视了机井的作用，毁坏得很厉害"。

面对如此境况，河南水利人，情何以堪！为从制度上解决这一问题，按照"谁投资、谁受益、谁所有"的原则，全省加快推进小型农田水利设施产权制度改革。明确小型农田水利设施的所有权，落实管护责任主体。以农户自用为主的小、微型工程，归农户个人所有；对受益户较多的小型工程，按受益范围组建用水合作组织，相关设施归用水合作组织所有；政府补助形成的资产，归项目受益主体所有。允许小型农田水利设施以承包、租赁、拍卖等形式进行产权流转，吸引社会资金投入。赋予农民监督管理部门的权利，以提高资金和劳务使用效率。推进农田水利管理体制改革，加快实施灌区管理机构定岗定员，及工程维修养护定额的试点和推广工作，改革水价和水费计收机制，为工程良性运行和节约用水创造条件。

民生之髓——像"对待父母"那样对待移民。说到移民，人们首先会联想到美国移民、加拿大移民，联想到投资移民、技术移民之类，认为那是求之不得的好事！但是，对于因修建水利工程而产生的水利移民，则是为了国家利益而牺牲个人利益的人群。水利移民意味着奉献和付出，他们是非自愿的被迫者。在那"大公无私"的计划经济年代里，一声令下就要那里的"移民"离开世世代代居住的家园。说得不好听的话，对待他们有点被"流放"的滋味。可那种"重迁轻安"的后果，就是移民再一次次地"回流"，再迁，再回流，穷家难舍，淹没区成了他们的候鸟栖息地，有些老移民几乎被钉在了贫困柱上，成了上访的专业户。

淅川县两位小移民向前来送行的亲人挥手告别

其实，很多人都有过搬家、转学的经历，从中也都会体验到"迁移"艰辛与苦衷。当一个人搬到一个陌生的地方，周围的环境变了，出门的时候人也不熟了，想买个什么东西也找不着店了。此时此刻人们都会情不自禁地宁愿多走几步路，回到原来所熟悉的地方去。这还只是同城里的搬家而已。而那些为了水利工程建设，舍小家顾大家的

非自愿性水利移民，他们却要离开祖祖辈辈生活的故土，走出去几十上百公里，到一个人生地不熟的地方去生活，你说那该有多难？

南水北调工程是迄今为止世界上最大的水利调水工程，是优化我国水资源配置的重大战略性基础设施。南水北调工程有东、中、西三条线路。中线的渠首就在我们河南淅川丹江口水库，一路北上至北京市团城湖，全长绵延 1432 公里，其中我们河南境内就长达 731 公里。汉代的襄汉漕渠曾是南水北调中线工程的有益尝试，因条件所限只留下了南阳方城的垭口遗址。1952 年 10 月 30 日，毛泽东在河南视察，健步登临邙山，凝视着滔滔东去的黄河，以诗人的浪漫、政治家的胆略问询水利专家："南方水多，北方水少，如有可能，借点水来也是可以的吧？"

这个南水北调的伟大构想，伴随着共和国跌宕起伏的步履逶迤前行，2002 年 12 月 27 日，终于迈出了梦想成真的步伐。

河南处于南水北调中线工程核心水源区，也是渠首所在地。丹江口水库大坝需要加高 20 米，因此在我们河南需要征地移民 21.7 万人，其中库区移民 16.2 万人、干线迁民 5.5 万人。

根据建设规划，河南库区移民将被安置到南阳、漯河、平顶山、许昌、郑州、新乡等 6 个地区 25 个县（市、区）内。集中安置点达 208 个，需调整建设用地 1.94 万亩，调整生产用地 19.71 万亩。

南水北调看中线，中线工程看河南。河南库区移民迁安是否顺利，事关中线工程建设成败，事关库区移民群众切身利益，事关社会和谐稳定。

水利移民素称"天下第一难"。对丹江口库区的移民来说，更有其特殊意义。早在 1958 年丹江口水库开始建设时期，淅川县已有 20 多万群众，被移民过一次了。其中有一部分被迁移到青海、甘肃等人稀荒凉之地，结果大部分因水土不服、难以融入当地生活而又悄悄返了回来。返回来了，也回不到自己的家，因为原有的家园早已消失在浩瀚的水底了。所以他们只好依水而居，随水位而迁徙。事实上，自从 2003 年国务院下达库区停建令以来，库区移民区房不能盖、路不能修、厂不能建，"不发展"成了硬道理。库区村民一听房子响，赶紧往外跑、每逢刮风下雨，都心惊肉跳睡不着觉，生怕被塌房砸着。

这次移民，采取集中移民方式，一个村一个村地整体迁。国家安排有充足的移民资金，已经为他们建起了漂亮的新家。但移民迁安，也并非仅仅是安个新家，还涉及到他们经济的恢复和发展，涉及到社会结构的重建、社会关系的重组以及和当地文化的融合，这是个复杂而艰巨的社会系统工程。三峡百万移民中，农村移民 45 万多人，搬迁历时 17 年；小浪底水库河南移民 16 万人，搬迁历时 11 年。南水北调

移民新村

中线工程，河南库区移民 16.2 万人，却要在两年内完成，时间之短、难度之高、强度之大，在我国水库移民迁安史上亘古未有。

温家宝总理曾经指出"南水北调工程重在建设，贵在环保，难在移民"。这是切实之言。为了这"天下第一难"，河南决定先行试点，然后推开。2008 年 11 月 7 日，第一批试点 1.06 万人移民工作启动。

本着民生水利，以人为本的指导思想，对于新时期的移民，我们必须怀着一颗虔诚的心，像"对待父母"那样对待他们。把移民迁移安置当成一种再发展的机会，让他们和广大人民群众一样，共享水利改革与发展的成果。

为满足移民群众早搬迁、早安居、早发展的愿望，河南省委、省政府顶着巨大的压力，果断做出了"四年任务、两年完成"的决策，要求第一批移民 6.49 万人，2010 年 8 月底前完成；第二批移民 8.61 万人，2011 年 8 月底前完成。虽然加大了安置难度，却免去了移民群众的等待之苦。

"四年任务，两年完成"，这不仅是果敢，更体现了智慧。这既是对移民负责，也是对国家负责。

70 多岁的何三平曾经是试点移民的"钉子户"。因为对移民政策不理解，大多数移民对搬迁有抵触情绪，这让何三平在移民中显得有相当的"号召力"。他在开始搬迁时也极尽吵闹之能事，推三阻四，甚至纠集一些不明真相的群众围攻移民干部，阻断公路交通。淅川县移民局局长冀建成不分白天黑夜，几次三番往他家里跑，耐心细致地解释移民政策，带领他们到移民新村查看房屋建设。精诚所至，金石为开。终于，凭着他对刚性政策的熟悉和对移民感情的理解，打动了何三平。

"移民干部对待移民要像对待自己的父母一样，要把移民的事当作自己的事，时刻体谅、关心、呵护才是本份。"这是冀建成常挂在嘴边的一句话。他曾累得晕倒在移民工作现场。他 80 多岁的老母，长期卧病，想念儿子也只能从电视新闻里看儿子一眼。为使移民能顺利搬迁，淅川移民局曾把 9 项移民政策细化到 100 多项。

在省南水北调中线办、省政府移民办公室的同志看来："南水北调移民是非自愿性移民，他们为了国家利益牺牲了个人利益，移民干部有责任把移民的事情办好，把移民的发展谋划好"。正是基于这种考量，很多移民干部将手机号码向全省移民公开，不论白天还是深夜，只要移民打来电话，他们都认真倾听，耐心解释，及时协调解决问题。这边移民电话一放下，他们就直接将电话打到市、县分管移民工作领导的手机上，督促协调工作从来不隔天不过夜。有的人白天在移民村督查，晚上还要工作到十一二点，从不让一份批件过夜处理。移民干部创制了"五加二""白加黑"工作法。

省委、省政府要求 25 个厅（局）分包 25 个县（市、区）移民工作，工作组吃住在移民点上，迁安不结束不撤回。分管移民工作的副省长刘满仓在部署工作时强调，移民工作是功在当代

225

利在千秋的大业，必须把移民迁安作为一个政治任务完成好。

为了让移民满意，各移民点上都派驻了移民代表监督房屋质量。工作组巡回在各移民点上现场督导，对任何一项标准不符者，不惜一切代价，立即推倒重来。

当看到一排排整齐的白墙红瓦二层小楼，一行行照明线杆笔直矗立，一条条平展水泥马路四通八达，文化广场、超市、宽敞校舍、卫生室、图书室等公共设施一应俱全时，移民代表笑了。

当淅川移民搬迁车队进入新郑时，交警早已迎候在沿途路口，"把移民当亲人""欢迎移民回家""和移民携手共发展"的标语、横幅挂满了路途；车队缓缓驶入移民新村，刹那间，鞭炮齐鸣、锣鼓喧天，宽阔的道路两旁彩旗高高飘扬，新郑各村派来的200多名帮扶代表列队鼓掌迎接，移民和迎候者、淅川和新郑同时荡漾着"回家"的笑脸。

当地移民工作人员引导移民入新家

移民们一下车，呼儿唤女，兴冲冲地奔向自己的新家园。

姚兴荣大娘在蹦蹦跳跳的小孙子引领下，拄着拐杖，走进自己的新家。看到新主人的到来，新郑市派来帮扶的小王立刻招呼他们，燃放准备好的鞭炮，领户主各处参观检查。厨房里堆满了政府为每户移民准备的柴米油盐酱醋茶、新鲜蔬菜和其他生活用品，保证移民们足不出户一周也饿不着。姚大娘看着上下两层 6 室 2 厅 2 卫的新家高兴地说："房子建得好，政府想得真周到，东西准备得真齐全，这是我们没想到的"。

等屋子里安静下来，姚大娘突然做出了一个非常的举动：她一边把手中的拐杖靠在客厅的墙上，一边对着拐杖跪下去，嘴里还念叨着"他爷爷、奶奶，咱搬新家了，新家比老家条件好，你们也放心吧"，之后连磕了三个头。

这是怎样的一种移民情怀！

对口安置的新郑梨河镇镇长刘奎治对此十分理解。他说："我们的移民为了国家舍弃小家，从几百里地来到这里，就像我们家来了客人一样，一定要帮助他们尽快适应新环境，抓紧与一些企业对接，带领移民们共同致富"。

临颍县周湾新村，是 2009 年 8 月底前迁安的 10 个试点移民村之一。经过两年的发展，移民新村已经绿树环绕，生机盎然，家家户户洋溢着祥和安乐的生活气息。村支书满意地说："这里土地平整，道路宽敞，庄稼也长得壮实，这儿比俺老家还美。原来不愿来的群众，现在后悔也来不及了。这里还是辣椒集散地，村里分了 600 多亩土地，有 500 多亩都种上了小辣椒，每亩收入3000 多元。在库区时，全村人均年收入 2000 多元，现在达到 1 万多元，生活水平已经超过了搬迁前。别说吃饭没问题，连肚皮都快撑破了！"

中牟县姚湾村也是试点移民村，经过两年的发展，移民已基

本融于当地。村民姚庆军家的客厅里有宽大的沙发，光亮的地砖，彩电、音响也一应俱全。他家里有五口人，他认为搬到这里以后感觉不错，比原来的生活先进 10 年。吃水拧一拧水龙头，用电按一按开关。交通更不用说，原来到镇上坐农用三轮还得再倒车，一下雨到处是泥窝，出都出不来。这里很方便，出门就是大道。一天两班公交车直达省会郑州，啥新鲜东西都看得见买得着，出去打工、看病、孩子上学都方便。生产、生活都上了一个大台阶。

如今的姚湾，鱼塘、蔬菜大棚都带来了丰厚的经济效益。姚湾移民小学共有 7 个年级 8 个班 170 多名学生，第一个移民教师在全县统一招教考试中被照顾了 0.5 分后，已经站在了小学课堂上。村口的"姚湾村志碑"详细记录了中牟姚湾村的来历，村里 240 多位户主的姓名赫然在目，村长诙谐地说"我们就是这里的祖先了"。

的确，当新时期最可爱的移民们顺利实现搬得出、稳得住，能发展、可致富的目标时，移民乐了，移民干部笑了，党和政府放心了。

2011 年 5 月 5 日，来自 7 个县（市、区）的 100 对"移民新人"同一天幸福牵手，更加速了移民群众与当地百姓的融合。

2011 年 8 月 25 日，伴随着丹江口库区淅川县张庄村 312 户 1192 名移民平安顺利入住许昌市襄城县王洛镇张庄移民新村，河南省南水北调丹江口库区第二批 8.61 万移民集中搬迁任务基本完成，标志着河南省委、省政府确定的"四年任务、两年完成"目标如期实现。

两年，700多个日日夜夜，将近200个批次的浩荡搬迁，16万多人的时空转换、命运变迁，每一天、每个人、每个场景，都让人无法忘怀，都让人无限感慨——感叹南水北调工程的浩大，感叹决策者气吞山河的信念和决心，感叹那些为工程献出家园、汗水，甚至生命的移民群众和移民干部，更难忘那16万移民搬迁过程中用挥别故土的泪水、舍家为国的情怀，铭记那数万移民干部流汗、流泪、流血，用宁可苦自己、绝不误移民的赤诚，凝聚成感动中国的移民精神。

精神不朽，丰碑永存。当丹江口水库的一泓清流从中原大地出发，奔向京津，润泽华北时，我们有理由自豪地说：我们创造了历史，创造了奇迹！

中共中央政治局委员、北京市委书记刘淇率党政代表团看到河南工程建设情况后，深深地被感动了，遂即赋诗一首："南水北送真辉煌，最动情是离故乡。清水滋润京城日，共赞豫宛好儿郎。"充分表达了对河南人民的崇高敬意。

世界银行原高级顾问、美国华盛顿大学教授迈克尔·塞尼博士考察了移民新村后，也连连赞叹：中国有世界上最优的移民政策，收到了最好的效果，丹江口库区移民是一项伟大的工程，这项奇迹只有在中国能够完成，其他国家都应向中国学习！

民生之需——让农民人人饮上安全水。水，是生命之源。然

而，长期以来，河南很多地方的群众却饱受着"吃水难"、饮水不安全的困扰。

"山沟沟泉水一点点流，提起个儿挑水心发愁，十里路上吃水贵如油……"一曲民谣唱出了群众吃水难的无奈与辛酸。

郑州市新密刘寨联村供水站

为破解这一难题，河南水利适时出台帮扶政策，积极开展了解决人畜饮水困难的饮水工程建设。仅"八五"期间，就筹资7.7亿元，建成农村饮水骨干工程6000余项，解决了300多万人的饮水困难；"十五"期间，又筹资10亿元，解决了260万人的饮水困难。至2004年年底，基本解决了先天饮水特困地区的群众生活用水问题。

但随着经济的高速发展，工农业污染情况加剧，部分地区水源中高氟、高砷、高污染等水质安全问题又日益凸现出来。饮水不安全直接危害着群众身体的健康，同时也影响着农村经济发展和社会稳定。

观"牙"知居处，黑齿陈庄人。位于荥阳市高村乡的陈庄，由于饮用高氟水，儿童在换牙期间，牙齿受到氟水腐蚀，长大后都成了"大黑牙"。为此避免"大黑牙"，只要孩子到了换牙的时候，他们就躲住到外面的亲戚家，这个习惯几乎成了陈庄的唯一选择。

驻马店市830多万人，农村人达640万人，其中有42%的人存在饮水不安全问题。上蔡县蔡沟乡东黎村因长年饮用苦咸水和大肠杆菌超标的污染水，村民疾病特别是肝病发生率极高，一些家庭为了治病常常是债台高筑，本不富裕的家庭更加贫穷，当地群众提起饮用水就苦不堪言、痛心疾首。

自20世纪90年代以来，淮河沙颍河水部分河段开始变黑变臭，地下水也逐步受到污染，沿河得结肠炎、直肠癌、食道癌的人特别多。沈丘县，在沿河一带出现了多个"癌症高发村"。黄孟营村2400人中有114名村民因患癌症去世。因为怕得病，当地村民纷纷高价购买桶装纯净水饮用。因病致贫、因病返贫现象，在这些地方屡屡发生，饮水不安全无情地击碎了他们的"小康梦"。

让人民群众喝上干净的放心水，这是国家的重托，群众的期盼，更是水利人义不容辞的责任。

那么，究竟什么样的水才是安全的饮用水呢？

国家对农村饮用水安全卫生评价有一系列的指标体系，主要有安全和基本安全两个档次和水质、水量、方便程度和保证率四项指标组成。四项指标中只要有一项低于安全或基本安全最低值，就不能定为安全或基本安全。比如，水质：符合国家《生活饮用水卫生标准》要求的为安全，符合《农村实施〈生活饮用水卫生标准〉准则》要求的为基本安全。水量：每人每天不

低于 40～60 升为安全，不低于 20～40 升为基本安全。方便程度：人力取水往返时间不超过 10 分钟为安全，不超过 20 分钟为基本安全。保证率：供水保证率不低于 95% 为安全，不低于 90% 为基本安全。

对照这样的标准，河南省饮水不安全人数最多。2006 年全省纳入农村饮水不安全国家规划的人口是 2512.6 万人，位居全国第一。

为解百姓之难，让他们吃上安全水，河南率先在全国启动了安全饮水工程。并在水源工程、管护设施、机电配套、管道铺设方面，按照整乡、联村连片集中供水的要求，将供水站供水设计能力一步建设到位。

在入户工程中，兴建标准化水表井、标准化水池，实行一户两龙头，并与改厨、改厕结合，尽量入厨、入卫，同时做好生活污水排放处理，全面提升入户工程形象，切实把饮水安全工程建成老百姓满意工程。

为确保工程质量，水利部门定期或不定期明察暗访，6000 多名水利技术人员常年奋战在施工第一线，使农村饮水工程入户率达到了 95% 以上。

水利人的一分辛勤换来了老百姓的一分满意。

农村饮水安全工程，大大解放了劳动力，降低了用水成本，被"解放"出来的他们从此可以放心地外出打工，发展庭院经济，增加经济收入。

长葛是农村饮水安全工程项目整体推进示范县市之一。全市规划了52处农村集中供水工程，2011年底已建成的26处，总投资累计5764万元，日供水能力7800吨，覆盖100多个行政村，供水人口达30万人。走进长葛市李庄村集中供水水厂，仿佛走进了花园里。占地5000平方米的厂区，硬化面积达到10%，绿化面积20%以上，洁净卫生、环境宜人。设计供水规模2万人，覆盖范围涉及8个村。水厂实行公司制管理。按照"国家所有，个人承包""保本微利，公平负担"的原则，合理确定水价，按方计量，全成本收费。单位水价只有1.5元/吨。

据长葛市水利局调查，过去农村采取分散型的供水方式，一家一厂一井一泵现象十分普遍，既浪费了人力资源，又造成了重复建设。实行农村集中供水后降低了成本，节能、省工、高效、方便。过去农户打井配泵投资需要1000~1500元左右，现在只需300~500元，降低成本30%~90%。过去农户每月水电维修费平均8~10元，现在只需3~5元。群众亲切地称赞农村饮水安全工程为"民心工程""德政工程"。

村村通自来水工程是河南实施的又一项民生水利的"民心工程""民生工程"，是省委、省政府为加快实施农村安全饮水工作，进一步改善农村饮水

喝上安全水

条件的新举措。要求"5年内解决全省农村人口饮水安全问题，具备条件的地方力争10年内实现村村通自来水。"这是千百年来农村供水的新突破，农村可以和城市一样使用自来水，将极大地提高农民的生活质量。这是继通电、通路、通讯之后又一项惠及千家万户的基础工程。洛阳在全省率先启动"村村通自来水"工程建设，为全省带了一个好头。

2010年7月16日，是一个载入河南安全饮水史册的日子。这一天在全省131个县（市、区）有145座"千吨万人水厂"同时开工建设，水利部、省政府、水利厅领导共同在新郑市孟庄镇参加了开工典礼。这标志着河南农村饮水安全建设向着标准化、规模化、精品化的方向，又迈出了坚实的一步。

截至2010年年底，全省共解决了1736万人农村安全饮水问题。到2015年，还将再解决3000万农民和630万学校师生的安全饮水问题。水利部农水司王晓东司长这样评价说："河南在全国农村饮水安全工作中的地位非常重要，在农村饮水安全工程建设方面走在了全国的前列，是全国农村饮水安全工作的一面旗帜，河南的经验和做法很有借鉴意义"。

从"饮水困难"到"饮水安全"，从"能吃上水"到"要吃好水"，从"集中供水"到"村村通自来水"，随着河南农村饮水安全工作重心的不断转移，这一民生水利的理念已深入民心。

民生之翼——点燃山区之夜的小水电。如果说道路为山区群众插上了翱翔世界的翅膀。那么"小水电"，则是为他们送去了新的火种和光明。

上点儿年岁的人都经历过没电的时代，过去的那种"日出而作，日落而息"，也都是被迫无奈的选择。那时候靠松明火把，煤油蜡烛照明，松明如萤虫，煤油用不起，天一黑只能钻进被窝睡觉。即使用得起煤油，在那豆粒大的火苗下读书写字，也会熏一鼻子黑的。20世纪50年代不是曾把"楼上楼下，电灯电话"看作美好生活的追求吗？而今这样的美景，已经在许多地方都实现了。但我们也别忘了，还有许多山区里的人们，依然生活在这样的梦想里。

而这样的梦想，也只有"电"才能使它美梦成真。

高山流水阻断了人们的视野，却蕴藏了丰富的水能资源，它们可以用来发电，点亮山区的黑夜，实现他们的梦想。据普查，全省110条主要河流的水力资源理论蕴藏量为484万千瓦，主要分布在西南部的山区。其中属黄河流域的342万千瓦，长江流域60万千瓦，淮河流域52.5万千瓦，海河流域16.6万千瓦，其余小河12万千瓦。

温家宝总理十分关怀农村水电开发，明确要求农村水电开发与农民利益、地方发展、环境保护、生态建设结合起来，走科学、有序、可持续发展的道路。2011年中央1号文件也明确提出，在保护生态和农民利益前提下，加快水能资源开发利用。大力发展农村水电，积极开展水电新农村电气化县建设和小水电代

燃料生态保护工程建设。

说起水电站，在我国最早的就是 1912 年在昆明建成的石龙坝水电站，至 1949 年，全国发展到 33 座，总装机容量也只有 500 千瓦。其中河南只有 1949 年建成的西峡县城关 1 座小水电，装机 48 千瓦。新中国成立后，小水电得到较快发展。在 20 世纪 50 年代，小水电多采用简易木制或铁制水轮机，配以由电动机改装成的发电机，通过低压线路向附近农村提供照明。到 60 年代，全国已有专业制造中小型水轮发电机组的工厂 10 多家，平均每年新增装机容量 5.8 万千瓦。到 70 年代，小水电逐步联成地方小电网，进行集中调度，开始向工农业生产供电。1979 年一年就新增小水电装机 112 万千瓦。这一时期，河南小水电装机容量共有 10.3 万千瓦。

改革开放以后，国家对小水电建设实行无偿补助的政策，对小水电工程按项目的具体情况，在设备购置费上给予补助。至 1984 年河南小水电总装机容量增加到 23.27 万千瓦。

1984 年以后，本着"谁建设、谁投资、谁管理、谁受益"的办法，国家无偿定补投资改成建设单位借款，实行有偿投资。至 1992 年，全省共投入小水电有偿资金 4052 万元，但装机容量只增加了 1.2 万千瓦。

小水电工程一次性投资大，电价低，并网难，收益小，群众和集体积极性并不高。加上当地经济发展底子薄，基础设施建设落后，农民生产生活条件差。这也是发展速度缓慢的主要原因。

为了破解这个难题，河南水利充分利用国家发展战略，积极推进水电农村电气化县建设项目。2007 年，报经国家发展与改革委员会、水利部批复，将河南省的栾川、卢氏、嵩县、新县、鲁山、淅川、商城、西峡、博爱、南召、内乡、灵宝、光山、狮河、罗山等 15 个县（市、区）列入全国"十一五"水电农村电气化县建设规划。经过多年的努力奋斗，15 个水电农村电气化县建设于 2011 年 1 月全部通过验收，总投资 14.86 亿元，其中，争取中央投资 0.47 亿元，省内投资 14.39 亿元。改造水电装机 5.5 万千瓦，新增水电装机 1.0 万千瓦。

嵩县地处豫西伏牛山区，为国家级重点扶贫开发县。"十一五"期间，共完成水电农村电气化建设总投资 27671 万元，县域经济、社会和生态效益成效明显。全县乡村实现通电率 100%，户通电率 100%，其中农村水电发电量所占乡镇及以下农村用电量比重的 68.8%，人均年用电量 680.3 千瓦时，户均年生活用电量 446.5 千瓦时。从 2010 年与 2005 年相比看，该县生产总值增加 52.8 亿元，增长 190%；财政收入增加 2.3 亿元，增长 242%；农民人均纯收入增加了 1474 元，增长了 69%。小水电的发展还促使"以电代燃料"用户迅速增加，有效地遏制了乱砍滥伐，对保护森林资源、改善生态环境、治理水土流失发挥了明显作用。

全省 15 个水电农村电气化县，到 2010 年底供电可靠率增加到 98.8%，人均年用电量 890 千瓦时，较 2005 年增长了 53%，

户均年生活用电量增长了 51%，森林覆盖率较 2005 年的 51% 增加了 8%。从 2005 年到 2010 年，15 个达标县的生产总值由 715.9 亿元增加到 1314.9 亿元，增长了 83%；财政收入由 20.6 亿元增加到 51.7 亿元，递增了 150%。各项主要指标增速明显高于全省农村平均水平。

此外还解决了 5 万人和 4 万头牲畜的饮水困难，新增自流灌溉面积 1 万亩，累计解决无电人口 8.5 万人，改善缺电人口 17.89 万人。

"小水电"建设大大改善了山区农村用电条件，看上了电视，用上了洗衣机、电冰箱，"以电代燃"改变了烧火燃柴的传统，给群众带来了切切实实的益处，提高了生活质量。

小水电照亮的是山区的黑夜，点亮的是老百姓心中的希望和幸福。

第 **10** 章

创新思路，以改革求突破

▶ **提要**

    河南是水利大省，但还不是水利强省，要想成为水利强省，不改革创新，是没有出路的。

    只有不断在体制机制上深入改革，水利保丰收的诸多障碍才能有效克服，新增粮食生产能力才能实现。这几年，我常以此来勉励自己。

    这几年，河南水利坚持与时俱进，改革创新，干成了一些在全省乃至全国具有影响和突破意义的事……

    1. 机井拍卖——变"短流水"为"长流水"

    2. 水管体制改革——由"后进"变"先进"

    3. 节水——解决老问题，要用新思路

4. 水土保持——绘出最新最美的图画

5. 水利投融资——海纳百川，有"融"乃大

6. 真诚相邀——看河南"十大最美丽的湖"

新中国成立以来，河南已建成各类水库2356座，这些水库犹如一颗颗流光溢彩的明珠，是我省弥足珍贵的旅游资源。

2009年为贯彻中央和省委、省政府"扩内需、保增长"和"旅游立省"的战略决策，更为新中国成立60年华诞增添一份诗意与浪漫。我们推选出了"河南十大最美丽的湖"。

为了方便大家到这些最美丽的湖观光旅游，这里向大家重点介绍黄河小浪底水利枢纽风景区、平顶山昭平湖风景名胜区和博爱青天河风景名胜区：

大气磅礴——黄河小浪底水利枢纽风景

风光旖旎——平顶山昭平湖风景名胜区

意境幽深——博爱青天河风景名胜区

河南是水利大省，但要想成为水利强省，不改革创新，是没有出路的。只有不断在体制机制上深入改革，才能破除水利健康发展的诸多疑难障碍，水之大善才能得以逐步显现。

为此，河南水利在改革创新上做了众多探索和尝试。

变卖机井产权——变"短流水"为"长流水"。2008 年春天，在河南叶县的田野里，人头攒动，彩旗飘扬，这里正在举行一场农田灌溉用机井使用权拍卖会。会场里好像赶会看大戏一样早已挤满了大人小孩，有说有笑。许多农民口袋里已经装足了钞票，显得鼓鼓囊囊，争抢着前二排的有利位置。这时拍卖锣声响起，亮出了 1 号机井的底价 1500 元。主持人刚一宣布，便有许多农民迅即作出反应，1600，1700，1800……，其中不乏父子、兄弟相互竞价的场面，直到加到 2000 元。主持人开始高声从"10"倒计数，最终一锤定音，成交。竞拍到手的农民一手交钱，一手签合同，并当场进行了法律公证。

这就是农田机井使用权拍卖会的情景，参与竞买的人十分踊跃。

叶县是国家粮油大县，拥有耕地 114 万亩，历史上水旱灾害频繁，旱灾尤其突出。发展井灌是他们最好的选择。

但打一眼机井成本数千元，属村级集体财产，一年四季闲时多用时少，遇到旱情人人争着用，不用时又无人过问。一个村几十甚至上百眼的机井散落在大田之中，产权不清，有人用无人管，有人管无人维护，毁坏机井时常发生，灌溉效益得不到充分发挥。

辉县峪河黄淮海农田开发项目工程——
打新机井

2008 年初，叶县水利出台了拍卖机井的 1 号文件，强化机井所有权，落实机井管理权，明确机井使用权。谁购买，谁管理，谁优先受益。每眼机井最低标价 1500 元，使用期限 10 年，井随地走，可继承、可转让。每眼机井划定 3 分护井地，由买井户无偿使用。

机井拍卖后，由村委会明确每眼机井灌溉范围和面积，周围受益户每年每亩承包地要交纳 3.5 公斤小麦作为水费给买井户，并接受乡水利站的技术监督，保证机井处于完好状态，满足农户的井灌需求。

县委书记王晓淮说，所有拍卖机井所得款，一律实行乡管，专户存储，专款专用，继续用于打新井，然后再拍卖，滚动发展井灌事业。现在全县原有的 6800 多眼机井已全部被农民竞相买走。利用拍卖资金又打出新机井 1260 多眼，灌溉能力大大增强。

实行"股份机井"，搞活农村水利。2008 年以来，河南省新野县 3000 多户农民合伙儿打起了 850 眼"股份机井"，走出了规模化"股份机井"的管理模式。

该县位于南阳盆地底部，西、北、东三面被伏牛山、桐柏山环抱，地下水资源比较丰富。全县 98 万亩耕地全部属于宜井地区，发展井灌农业条件得天独厚。但过去单靠"乡镇摊派＋义务工"的方法打"大锅井"，集资投工人人有份，灌溉受益家家不同，造成产权不明晰，配套步子慢，管理不完善，效益发挥差，许多井用不上几年就淤塞报废。

近年来，该县改变了水利投资主体，将市场机制引入水利建设，推行"谁建设、谁所有、谁投入、谁受益、谁还贷"的投资方法，明确投资主体。积极吸引民间投资、财政补贴、银行贷款等渠道。新打机井所有权全部归农民个人或股东。对老机井采用拍卖、租赁、承包等方法，把使用权或经营权全部转让给农户。这一举措激发了全县农民兴修水利的积极性，兴起了个人、联户打井热。据统计，2008 年以来，该县投入井泉建设的民间投资已达 2100 多万元，比往年多投了 900 多万元。

"两权"放了手，不等于政府只做"甩手掌柜"，而是要政府服务跟着走。县里积极向上争取银行贷款，对愿意打井的"信用户"以优惠利率优先放贷，还贷期限适度延长；县财政拨出专项资金予以打井补贴；县水利部门提供地下水勘探资料，按

照统一规划，合理布局，科学定位，分层取水的办法，对农户所打的浅、中、深井进行技术指导；县打井办对全县近百支打井专业队和水泥井管预制件厂进行技术审验，发放资质证书，并严格按照水利部颁发的"农用机井技术规范"规定验收机井质量，大大提高了成井工艺水平，确保农民的血汗钱不打"水漂"。同时，为了便于井主就近管理经营，村委会还把他们的责任田调整到机井附近。

民间投资打井，联利联责联心。全县 1.1 万名个体、股份机井主都领取了盖有县政府大印的"机井所有权证书"，股东们把机井看成是自己的半个家业，选出信得过的井长，对机井认真管理和保护。他们在田头普遍盖起了机井房，配套了井台、井盖、井池和机电设备，并及时对机井清洗除淤。有的井主干脆以机井房为家，常年住在井旁，在机井周围种莲养鱼，发展蔬菜生产。他们延伸和硬化了机井周边渠道，配套了软塑料水管，便于出售"商品水"，每到用水季节，日夜不停开机供水，方便了周边群众抗旱灌溉，全县出现了"万龙吸水、井泉喷涌"的喜人局面。

民间投资活了新野井泉。随着农田水利条件的改善，全县农业生产连年丰收。2009 年在严重干旱的情况下，粮食总产、农业产值、农民人均收入达到历史最高水平，全县农民人均现金收入已达 2233 元，在南阳市 13 个县市区中位居首位。新野平原已成为"全国商品粮生产基地县""全国优质棉生产基地县""全国平原绿化先进县"和豫西南最大的无公害蔬菜生产基地。

改革出效益。新的运作机制顺应了农村用水改革的趋势，深受广大农民的拥护，用水有保障了，丰收就有保证了，农民还多了一份"水家当"，使广大农民走上了靠井兴农，依农致富的小康之路。

实践使我们认识到，大力推行农村小型水利工程产权制度改革，必须要适应市场经济发展的新形势，在产权不变的前提下，把农用机井、沟渠、涵闸等配套设施合理作价，公开进行拍卖和租赁，一次性拍卖给受益农户，购买者具有使用权、经营权、处置权。较好地解决了以往由于责权不明"用水大家抢，坏了没人修"，以及"重建轻管、只用不管"等原因造成的机井损坏的老大难问题。

水利产权制度改革，使农村小型水利工程的管理实现了产权明晰化、责任明确化、投入多元化、经营市场化、服务社会化，也使农村水利建设逐步实现了良性循环，走出一条建设—拍卖—再建设的滚动发展新路子。

水管体制改革——由"后进"变"先进"。 河南省水管体制改革犹如一匹临近终点奋力冲刺的黑马，在 2008 年上半年完成分类定性比例还仅为 8% 的情况下，通过下半年攻坚克难，在当年年底即基本完成改革任务。全省水管单位从 608 个增加到 661 个，机构更加健全。人员编制数从 32299 人缩减为 24107 人，队伍更加精干。2009 年落实人员支出经费 4.4 亿元，落实率 99.9%。落实工程维护经费 3.87 亿元，落实率 80.3%。

从刚开始进展缓慢，甚至一度陷入僵局，到最终后来居上跃至全国先进，这对于财政算不上富裕的河南省实属不易。它包含着各级党委、政府的高度重视和有关部门的大力支持，也沁润着全省水利部门迎难而上、戮力攻坚的辛劳和汗水。

河南水利工程，长期以来普遍存在"重建轻管"现象，管理体制不顺、机制不活、管养经费不足，很多水管单位甚至连职工的基本工资发放也难以保证。

一组数字很能说明问题。据测算，河南全省各类水利工程的年维修管护费用约需6.5亿元，而改革前各级财政投入的维修养护经费仅为4000万元；全省水管单位人员经费等基本支出缺口每年约1.99亿元。如此巨大的资金缺口，使许多水管单位长期以来只能处于勉强维持状态，严重影响工程管理和社会公共服务职能的有效发挥。

以大型水利工程为例。位于淮河支流浉河上的南湾水库，总库容达16.3亿立方米，它的下游是信阳市城区，防洪位置至关重要。改革前的2001—2006年，南湾水库管理局年均亏损328万元。2006年审计结果显示，管理局负债4773万元。

"工资长期不能足额发放，工程养护没有固定经费渠道，职工不得不花很多精力搞多种经营，而这势必影响工程的正常管理和运营。"南湾水库管理局局长钱长琨说。

在河南，像南湾水库一样，很多大型水库公益性支出没有财政补偿，工程设施长期得不到维修养护，逐年老化，加之多种经营项目效益低迷，职工生活水平远远低于其他行业。

大型水利工程尚且如此，小型水库更不必说。多数工程缺乏专人管理和维修养护，近80%带病运行。

2002年，国务院出台《水利工程管理体制改革实施意见》，2004年12月，河南省也出台了《河南省水利工程管理体制改革实施方案》，为水管单位体制改革带来了难得机遇。

但河南是一个农业大省，各市县大多是"吃财政饭"，加之有的地方因水管体制改革涉及的干部职工多，怕处理不好影响稳定，还有的地方顾虑多，不够积极主动，这使得刚刚开始的改革进展缓慢，甚至一度陷入僵局。

水利工程是国民经济和社会发展的重要基础设施，水管单位职工的后顾之忧不解除，就没有精力搞好管理运营。靠水管单位自身创收去勉强维持运行管理，水利工程公益性作用的充分发挥就无从谈起。

时任省委书记徐光春非常关心水管体制改革工作，多次向有关部门询问改革进展情况和存在问题，并作出重要指示。省长郭庚茂多次听取水管体制改革专题汇报，并提出具体指导意见。省委常委、常务副省长李克对省直属水管单位改革意见作出批示，要求加强组织领导，周密部署，并指示水利厅派出工作组进行指导督办，以保证方案顺利实施，确保改革坚决、稳妥、顺利进行。副省长刘满仓多次召开省长办公会，研究部署水管体制改革工作，并多次深入基层水管单位进行调研。

2008 年 10 月 9 日，改革处于攻坚阶段，省政府再次召开会议，进行再动员、再部署，并下了"死命令"——2008 年年底前全面完成省、市、县三级水管体制改革工作任务。极个别"两费"暂时不能足额到位的县（市、区），当地政府及相关部门要签署两年内分步到位的承诺文件并制订实施计划。

与此同时，在原有工作的基础上，推出"组合拳""硬措施"，强力推进改革。

省水利厅先后派出 49 个督导组进行督促检查。由省水利厅副厅长带队，发改委、编办、财政厅、劳动保障厅等有关部门共同组成 4 个督察组，分片包点，对市县进行督察；2009 年 1 月，省水利厅组织 7 个督察组对全省 14 个省辖市进行了抽查；当年 2 月，又派出督导组，深入基层单位检查指导，督促市县加快改革步伐。除此之外，我们还建立了改革进度旬报制度，每隔 10 天统计一次各市改革进度，并编发一期水管体制改革通报，发送到水利部、省政府和省直有关部门、各省辖市政府、水利局，表扬先进，鞭策后进。

落实奖惩措施。为加快水管体制改革进度，省政府在《全面完成水管体制改革任务实施意见的通知》中明确提出，将水管体制改革与"红旗渠精神杯"竞赛挂钩，根据各地改革进展情况进行竞赛排名。将水管体制改革与项目申报和资金分配挂钩，对于改革进展缓慢的市县，在向中央申报农业百强县时不予转报，并对基建、水保、农水等项目和经费不予安排；对完成改革任务好的市县，在申请中央、省级投资时则予以优先安排和适当倾斜。

强有力的措施，加速了改革落实进度，确保了改革任务的基本完成。不仅如此，我们还将改革延伸到了小型水利工程。河南省平顶山和三门峡市将原乡镇管理的 237 座小型水库改制为县管的 23 个小型水库管理中心，批复财政全额事业编制 267 名，理顺了管理体制，建立了长效机制。

通过改革，理顺了管理体制，畅通了工程管理和维修养护经费渠道，解决了拖欠职工工资问题，改革了单位内部机制，优化了人员机构，调动了职工积极性。

泥河洼滞洪区管理所就是一个典型。该所是漯河市财政差额补贴事业单位，在职人数 45 人，离退休人数 26 人。改革前，因人员经费严重不足，管理所职工基

泥河洼滞洪区

本工资长年不能正常发放，队伍不稳，造成工作举步维艰，只能处于被动应付的状态。2005 年，作为全省水管体制改革的试点通过改革，根据承担的职能，管理所被定性为纯公益性单位，经费实行财政全额预算管理，并落实了工程管护经费，实行管养分离。管理所所长郭富军说，过去相当多的精力忙生存，为发不出

工资而发愁，如今彻底解除了后顾之忧，可以全身心地投入工程的管护和运行。

现在不论是灌区，还是水库、河闸，所到之处，耳闻目睹水管单位职工的精神面貌、工作生活条件，乃至于工程的外观形象、维护管理都发生了翻天覆地的变化。守得云开，终见月朗。体制顺了，职工干劲足了，水利工程公共服务能力的明显提升。

实践使我们认识到，水管体制改革涉及人员多，各级财政压力大，推进起来确实困难重重。但是，面对这一关乎水利事业长远发展的大计，无论承受多大压力，我们都要迎难而上，并尽一切可能取得成效，这是历史赋予我们的责任。实践证明，任何改革只要各级领导高度重视，强力推进，有关部门通力协调，水利深层改革还是大有希望的。

节水——解决老问题，要用新思路。听一个在德国工作过的朋友讲，他在德国遇到了一件尴尬事。他有一次去一家公司谈业务，主管招待了他，问你要喝水吗？他说喝。又问喝多少？他随口说，一杯吧。结果一杯水没喝完，业务谈妥了，他起身要告辞。那位主管却一脸不高兴地叫住他说，你的水还没喝完呢！他说不喝了。主管就严肃地说，你既然喝不完，可以要半杯啊，为什么还要一杯呢？他当即语塞，只好当着主管的面，将剩下的半杯水喝了。其实德国并不缺水，他们为什么还这么小气呢？

河南是一个十分缺水的大省，在许多山区人们经常用"水贵如油"来形容水的珍贵，这是一点都不假的。2005年6月13

日，央视主持人白岩松主持《决策者说》节目时，透露了两个这样的信息：一个是经调查，选择"建设节水型社会"的人气数远远超过了建设南水北调与三峡工程的人气数，占了八成。时任水利部部长的汪恕诚说这是一个非常可喜的现象，说明人们已经开始感觉到节水重要了；另一个信息就是红旗渠被炸事件。1992 年 8 月 22 日，红旗渠被河北涉县村民炸毁了数十米，村庄被淹，损失严重。该渠建于 1960 年，全长 1500 公里，穿行于太行山，将漳河水从山西境内引入林县，改变了当地"水贵如油，十年九旱"的境况。而这次事件的起因就是为了争夺漳河水。

其实，早在红旗渠还没修建之前，漳河上游两岸之间就时有发生因水而起的纠纷。进入 20 世纪六七十年代，山西、河南、河北三省，相继在漳河上游修建了大大小小 80 多座水库和难以数计的引水工程。沿河两岸总引水能力达到了每秒 100 立方米。可每逢灌溉季节，漳河的径流量还不足每秒 10 立方米。三个省的村民都想发展灌溉，可三个省的村民却都满足不了自己的需要，这就是时常发生水事纠纷的根本原因。

1992 年，红旗渠被炸后，水利部海河水利委员会专门成立了漳河上游管理局，作为超越两省局部利益、统一管理漳河上游的主管机关，负责河道管理和分水方案的实施，对漳河水量实行统一调配。但是在 1999 年春节期间，更严重的冲突还是爆发了。从大年初一到十五，隔河相望的河北黄龙口村和河南古城村真枪实弹地开仗了，2000 多枚土制炮弹互射到了对方的村子里。受伤村民多达百人，大量生产生活设施被毁，直接经济损失上千万元，两村之间一时成了"无人区"。若按情理关系讲，两岸村民自古来往密切，多有亲戚关系，可为了"争水"就什么也不顾了，简直到了六亲不认，这也充分说明"水"在这些人的心目中是多么的重要。

像这样的水事纠纷在河南还有许许多多。仅涉及外省的就有114条河流，涉及六个省的毗邻关系。据统计1991—2010年期间，全省水事纠纷案件就多达4103件，其中省际107件，省内3996件。

这一切可以说都是"水少"惹的祸。但"水少"靠抢是抢不来的，何况"抢"得了一时，"抢"不了一世。"水少"就得节约，而且也只有这一条路可走。节约用水不是只挂在嘴上的口号，是要付出切切实实的行动，坚决走节水型社会之路。

目前我省已有5个国家级节水型社会建设试点，两个省级试点。郑州市是南水北调东中线节水型社会建设试点，也是我省节水型社会建设的龙头，在创新体制机制、制度建设、节水示范工程建设和水生态保护等方面成效明显，试点建设已通过水利部验收。郑州是我省首批被列入"全

现代化的郑州市污水处理厂鸟瞰

国节水型社会建设"的试点城市。

2005 年以来，郑州市政府先后投入节水型社会建设资金 4200 万元，创建了 160 个节水型企业（单位）、社区、灌区，建设了 158 项节水技术改造项目，102 个循环水利用项目，35 个中水利用项目，8 个农业节水灌区项目，13 个器具改造项目。通过节水示范项目的建设，年节水能力达 1.2 亿立方米，2009 年节水 8900 万立方米。

2010 年，全国节水型社会建设经验交流会在郑州召开。水利部副部长胡四一在讲话中说："这是一次关键性的会议。节水型社会建设发展到今天，又到了承上启下、继往开来的时刻，如何解决好节水型社会建设的方向和动力等问题，进一步开创这项工作的新局面，要求我们解放思想，集思广益。这是一次启发性的会议。我们首次将会议安排在中部地区召开，通过参观考察中部崛起的中原城市群核心——郑州的经验，就是要让大家思考节水型社会建设如何更好地立足于区域经济社会的可持续发展，如何通过促进发展方式的转变，服务于国家经济社会发展的大局。"

济源市制定了《济源市节水型社会建设工作任务表》，把各项目标任务分门别类逐一分解，层层落实到市水利局、发改委、市建委等 20 多个责任单位，明确了责任人和工作标准、时限，把节水型社会建设纳入各部门、各单位年度工作目标进行考核。节水型社会建设试点工作，有力地促进了我省节水型社会建设的

各项工作。

"十一五"期间，河南省节约用水管理职能也全部移交水行政主管部门，变"多龙管水"为"一龙管水"，彻底理顺了城乡一体的水资源管理体制，为节水型社会的建设提供了制度保障。

同时修订发布了河南省《用水定额》地方标准，印发了《河南省黄河取水许可总量控制指标细化方案》，细化了不同水源、不同用水类型的取水许可总量控制指标，增强了可操作性。2010年，投资340万元，用于省级和4个省辖市取水许可总量控制指标细化方案编制工作，计划用3年的时间，基本建立起覆盖省、市、县的取水许可总量控制和定额管理指标体系。2004年，河南省还率先出台了《河南省节约用水管理条例》。下发了《关于实施河南省城市饮用水水源地环境保护规划的通知》和《关于印发河南省水环境生态补偿暂行办法的通知》等规范性文件；完成了全省水功能区的划定和入河排污口普查登记工作；推进自动监控系统建设，实现了对所有国控、省控重点污染源的自动监控；加强城市污水处理厂及配套工程建设，建成污水处理厂141座，废污水处理能力每天达到601万吨，实际年处理污水量20亿吨，年可减少化学需氧量（COD）排放55万吨。

农业节水示范方面，河南省有38处大型灌区列入国家大型灌区节水改造规划，项目改造总投资30.8亿元，这些项目已全部开工实施，进展情况良好，不少已发挥了显著的节水效益；先后建设了4个国家级节水示范市、14个节水增产重点县、116个节水增效示范项目、16 个高效节水示范区、510 个省级节水灌溉示范区和 11 个雨水集蓄利用项目。工业节水示范方面，重点扶持 56 个节水示范企业。河南天冠企业集团有限公司采用国际先进的技术、设备和工艺，使生产酒精等的冷却水、污水及蒸汽废水得到回收和利用，每吨酒精耗水从原来的 52 吨下降到 7 吨以下，大大低于国颁 50 吨的标准，年节水达 1850 万立方米。焦作煤业集团等 19 家企业投资 12.6 亿元，实施节水技术改造项目，实现年节水量 2.97 亿立方米。城市节水示范方面，建设 69 个节水器具推广、中（雨）水利用等示范单位。这些示范项目逐步建立起了良性发展的管理制度和运行机制，节水成效明显，起到了良好的示范带动作用。

俗语说众人拾柴火焰高。省水利厅与住房和城乡建设厅协作，规范城市公共供水企业取水许可管理工作，2009 年征收供水企业水资源费（基金）约 1.8 亿元；与省环保厅合作，及时应对突发性水污染事故，成功处理了大沙河砷污染等水污染事件；与省发展改革委、省财政厅合作，及时调整全省水资源费征收标准，扩大了水资源费的征收范围，开展了用水定额的编制及修订工作，发布了全省统一的用水定额；与教育部门协作，把节水教育引入课堂，在中小学校组织开展节水知识竞赛活动、节水有奖征文活动、节水漫画比赛活动等。开展节水型社区、灌区、企业（单位）的创建活动。几年来，全省命名了 131 家省级节水型企业（单位）、社区和灌区，起到了很好的示范和推动作

用。节约用水协会作为节水行业的社团组织，把触角伸向社会，构建了与全社会交流节水经验的平台。

河南地处中原，河南兴则中部兴，中部兴则中华兴。

我们如何实现以有限的水资源，为全省的经济发展、中部崛起、国家粮食安全提供强有力的水支撑，这是我们要认真思考的，我们还有很长的路要走。

水土保持——绘出最新最美的图画。走进灵宝市朱阳镇闫驮村杜仲基地，仿佛置身于绿色的海洋，空气沁人心脾，清脆的鸟鸣声此起彼伏。

邙岭生态园

看着这漫山遍野的绿色，谁能想到，十年前的这里，曾是河南山丘水土流失区域的典型代表——连片的荒山上黄土裸露，沟壑遍地，群众深受水土流失之苦。

青山绿水映和谐。杜仲基地的景象仅仅是河南省长期坚持水土保持工作的一个缩影。

多年来，河南人民靠着国家政策支持和坚忍不拔的意志，大胆创新机制，把大片黄土四流的"不毛之地"，改造成为一处处青山绿水胜地，大批群众脱贫致富，在构建社会主义和谐社会的历程中画上了浓墨重彩的一笔。

从"蓄水保土"到"生态文明"。水是大地的血、土是大地的肉，"土之不存，人将焉附？"

河南历届省委、省政府都高度重视水土流失治理工作。自1982年开始，省财政每年安排1050万元专项经费用于全省水土流失治理。尤其是党的十一届三中全会以后，河南省健全了水土保持机构，恢复了省水保委员会，省水利厅增设了水保处，成立了省水保科研所，并在全省按类型区设置了7个水土保持科学试验站。按照"以蓄水保土为基础，以经济效益为中心，以脱贫致富为目的"的指导思想，放手发动群众，发扬"自力更生，艰苦创业，团结协作，无私奉献"的红旗渠精神，组织千军万马，治理千沟万壑，开展了持久的、大规模的以小流域为单元的水土保持治山治水运动。

进入21世纪，党中央、国务院更加重视水土保持工作，发出了建设"秀美山川"的号召，党的"十七大"又提出了建设"生态文明"的要求，河南水土保持工作步入了快速发展时期。仅2009年，全省就落实国家重点水土保持项目配套资金10950万元，有力地推动了河南省水保工作的开展。

水土保持功在当代，利在千秋！河南各项水保工作的不断深入，为改善水土流失地区农业生产条件和城乡生态环境，增加水土流失地区群众收入，维护生态安全、防洪安全、饮水安全和粮食安全，促进经济社会又好又快发展做出了重要贡献。

据统计，截至2010年底，河南省累计初步治理水土流失面

积 3.27 万平方公里，其中发展坡改梯 67.58 万公顷，水保林 176.77 万公顷，经济林 42.92 万公顷，种草 7.58 万公顷，生态修复 7.55 万公顷，建设淤地坝 2000 余座，兴建各类小型水利水保拦蓄工程 180 万处，风沙区沙地改农田 47.7 万公顷，累计增产粮食 100 多亿公斤。

从"一枝独秀"到"满园春色"。河南省山丘区面积 7.92 万平方公里，山丘区水土流失面积达 6.06 万平方公里，占 76.5%。全省 34 个贫困县中，有 29 个地处严重水土流失区，水土流失治理的困难程度可想而知。

我们以国家重点工程为龙头，带动全省水保工作的开展。近 10 年来，先后完成了《河南省黄土高原地区水土保持淤地坝规划》《河南省水土保持生态修复规划》《国家水土保持重点建设工程河南省 2008—2012 年建设规划》，及一大批水保项目的可研、初设等前期工作。2008 年底，又完成了 44 个县的 53 个小流域综合治理项目区、6 个坡耕地水土综合整治试点工程的实施方案，及 10 条小流域坝系的可行性研究报告。

大别山茶园水土保持工程

同时，我们积极向上汇报，又争取到了黄河流域的 6 个重点支流综合治理项目，郑州邙山水土保持生态园项目，大别山、桐柏山、太行山区国家水土保持重点建设工程项目等一大批国家水土保持重点项目，推动全省水土保持生态建设工作建设上了一个新台阶。

在实践中我们认识到，水保工作单纯依靠政府投入是解决不了问题的。

因此，我们在水土保持生态建设工作中，坚持国家投入为主，积极引导民间投资，不断深化改革、创新机制，动员社会力量治理水土流失。河南省政府下发了《关于进一步开发农村"四荒"资源，加快治理水土流失建设生态农业的通知》，省水利厅印发了《关于河南省拍卖"四荒"使用权的意见》，实现了水行政主管部门的归口管理，河南"四荒"治理开发工作逐步规范健康发展，调动了社会各界参与"四荒"治理开发的积极性，吸引社会资金投入到水土流失治理中去，涌现了一大批承包荒山开发治理的公司和大户。河南全省已形成了以农民为主体，国家企业单位、集体、个人和外商共同参与开发治理"四荒"资源的热潮。

据统计，河南山丘区 13 个地（市）的 52 个县（市），通过拍卖、租赁、承包、股份合作等多种形式开发治理"四荒"资源，参与户数达 11.9 万户，总面积达 8024 平方公里，已转让使用权的"四荒"治理面积 4017.3 平方公里，占总面积的 51%，民营水保累计投入资金近 15 亿元，有力地推动了全省的水土流失防治进度。

从"改善环境"到"助推崛起"，经过数十年发展，河南水

保工作成效显著，环境改善、农业增产、山区人民脱贫致富……一幅幅和谐的画面展示在世人面前，水土保持工作在助推中原崛起中扮演了重要的角色。

20 世纪 80 年代初，河南省有坡耕地 1965 万亩，是全省水土流失的主要策源地，严重制约了粮食产量的增长。经过多年改造，如今新增水平梯田 850 多万亩，沟坝地 118 万亩，测算每年可增产粮食近亿公斤。

巩县的玉仙河流域，植被覆盖率由 34% 提高到 71.7%，26 处已断流的枯泉复苏，其中有 23 处常年流水不断；革命老区新县，发扬"宁肯苦干，不能苦熬"的老区精神，10 年完成综合治理面积 764 平方公里，坡改梯 0.37 万公顷，建成了以杉木、板栗、茶叶、油茶、银杏为主的千亩以上经济林基地 90 处，水保林年产值达到 2.2 亿元，占全县农业总产值的 52%，10 年全县农民人均纯收入、人均存款均增长 10 倍。

同时，我们还采取"水保搭台，政府导演，部门唱戏，全社会参与"的方式，加大水土保持工作力度。涌现出了孟州西岭生态园、洛阳的龙门西山、信阳的龙飞山、荥阳的邙岭等一大批水保示范园区。示范园的建设，不仅促进了水土保持科学研究和技术推广，提高了治理科技含量，起到了良好的示范、辐射和带动作用，而且由于示范园大多建设在城镇周边地区，成为人们晨练、休闲的好去处。这些示范园区提高了城镇品位，突出了以人为本、人与自然和谐的主题，为建设生态文明提供了支持。

目前，河南省还有 2.79 万平方公里的水土流失面积亟待治理，还有 1114 万亩坡耕地需进行综合整治。

到 2030 年，要把河南建设成为民富省强、生态文明、环境友好、文化繁荣、社会和谐的生态省。水土保持作为生态文明建设的重要抓手，资源节约型、环境友好型社会建设的重要基础设施，依然任重道远。

水利投资——海纳百川，有"融"乃大。2009 年 9 月 15 日，众多新闻媒体将目光汇聚到河南省水利厅，由省政府出资组建的国有独资公司——河南水利建设投资有限责任公司（以下简称"水投公司"）挂牌成立，由此拉开了我省水利投融资改革的序幕，结束了我省水利国有资产产权主体长期缺位的历史。

河南水旱灾害频繁，水资源缺乏，但是"守着大江大河喊缺水"也是不争的事实。

全省相当大的灌溉面积依然停留在理论设计上，或因供水保证率低下而难以实现灌溉效益。还有相当多的耕地依然处于靠天吃饭的状态，还有 2500 多万乡村人口，急需解决安全饮用水……另外，病险水库多、防洪抗旱能力弱、水土流失严重等，也都是河南水利工作所要面临的实际问题。

同时，河南省现有的水利工程业主实体，也普遍存在国家代表不明确、不规范、责任不明确、产权不明晰等问题，严重阻碍了水利事业的发展。

过去搞水利建设单靠政府投入，资金来源单一，已不适应当

前形势，迫切需要新的投资渠道和融资形式，建立新的资产经营和管理实体。

因此，必须尽快建立水利国有资产经营和管理实体，明确国有资产管理和运营主体，采取集团化组织形式，打破各种界限，集合水利资源、资金、环境、人力、物力和技术力量，形成规模产业，以满足河南省经济社会发展的需要。

2002年9月，国务院体改办颁布的《水利工程管理体制改革实施意见》明确提出："加强国有水利资产管理，明确国有资产出资人代表。积极培育具有一定规模的国有或国有控股的企业集团，负责水利经营性项目的投资和运营，承担国有资产的保值增值责任。"

党的十六届三中全会提出了完善社会主义经济体制的要求，提出建立"归属清晰、权责明确、保护严格、流转顺畅"的现代产权制度。

为了学习借鉴兄弟省市的做法，省水利厅专门成立了调研组，分别到搞得好的重庆市水投公司、广西水利电业有限公司和北京水投公司学习取经。在充分学习、调研的基础上，并结合我省的实际，水利厅郑重提出成立"河南水投公司"设想与方案，经省委、省政府正式批准，副厅级的"河南水投公司"终于挂牌成立了。

有"融"乃大。河南水投公司，以省水利厅直管的五大水库、五大灌区、省水利水电实业公司（部分）形成的国有净资产 23 亿元为注册资本，是一个集融资与投资功能为一体的，政策性、专业性水利投融资平台。

河南水投公司是以投融资为主体功能，以资产筹集资金，以资金建设项目，以运营扩张资本，成为融资与投资互动、互依的水利投融资平台，建立适应社会主义市场经济的水利投入长效机制和水利国有资产良性运营机制。

其主要职能有：

投融资平台，筹集水利工程建设资金，完成省内公益性和准公益性重点水利工程建设项目的投融资任务。

代表省政府，对新建大型水利枢纽工程、灌区配套及节水改造、大中型河道治理、滩涂地整理、中小水电站、城镇供水、新农村建设，以及与水利相关的水土资源综合开发利用等工程项目进行投资建设、经营管理等。

负责授权范围内水利国有资产的运营管理，承担保值增值责任，提高国有资产经营效益。

作为河南省南水北调受水区供水配套工程运营的法人主体，负责工程建设 20% 的融资任务，通过发挥投融资平台的作用和市场化运作，确保项目资金及时到位。公司将在配套工程建设完成后，代表省政府作为出资人负责工程的运营管理。

河南水投公司的成立，对于河南省水利国有资产的保值增值，加快水利基础设施建设步伐，建立符合市场经济要求的新的水利体制，适应经济社会跨越发展需要等方面都具有十分重要的

现实意义。

自公司运作以来，已经与多家银行签订战略合作协议。2010年5月28日，河南省水投公司分别与河南省农业发展银行、国家开发银行河南省分行等14家银行签订全面战略合作协议。2011年3月24日，与中国农业发展银行河南分行签订了融资合作协议。根据融资合作协议，河南省水投公司在未来5年内将得到农发行河南分行300亿元的中长期项目贷款支持。

此外还创新了融资新模式，取得初步效果。以水费收费权质押担保方式，经过与农业发展银行、国家开发银行等金融机构协商，为河南省南水北调配套工程融资24.3亿元。

白龟山水库

再就是积极利用政策支持，扩大信用贷款范围，放宽贷款条件。利用贷款宽限期政策，延长水利建设项目的贷款期限。在农村安全饮水工程项目上争取到了财政全额贴息政策待遇。

挖掘水利旅游潜力，打造水利风景区名片。河南已建大型水利工程众多，其中仅大型水库就有20多座，这些水库就像一块块尚未雕琢的璞玉，散落在高山深谷之中。长期以来，我们水利行业往往只偏重防洪、灌溉等公益性功能，却在很大程度上忽视了水利工程本身所潜藏的文化旅游潜力。水利工程本身就具有很大的观赏性，是一块相当大的旅游资源。以致其他许多部门抢占先机，都在这里盖宾馆、建培训中心、开游船、养殖鱼虾，在我们的眼皮底下大把大把地淘金捞银。而我们的水利行业几乎被排挤在了经济市场的大门之外。这是极不正常的现象。甚至我们水利部门自己，也会把好机会、好资源送给他人。别人可以把手伸到水利家门前行使管理，我们却守着水库没鱼吃，守着美好风景没钱花。这不能不说是水利行业的悲哀。说的好听些就是不作为的表现。

随着人们的生活水平的不断提高，休闲旅游的需求越来越高涨。水利工程所在地有山有水，有人文景观，已经成为人们眼中的休闲旅游宝地。我们水利人也逐渐意识到了这一点。在水利工程改造、建设中已开始把水文化内涵和外在美观列入了建设内容，逐步改变了水利工程过去那种"傻、大、粗、笨"的形象，展示出其本身所具有的文化内涵和生态魅力。我们要做的，就是如何把工程建设管理和文化旅游开发深度融合，让二者成为"并蒂莲花"。

白沙水库

2009 年，为贯彻中央和省委、省政府"扩内需、保增长"和"旅游立省"的战略决策，更为新中国成立 60 年华诞增添一份诗意与浪漫。为此我

们开展了"河南十大最美丽的湖"评选活动。经过近半年的评选，最后由专家和民众共同推选出黄河小浪底水利枢纽风景区、博爱青天河风景名胜区、信阳南湾湖风景区等"河南十大最美丽的湖"，提高知名度，使这些水利风景区名片更加响亮。

在水利旅游开发这方面，黄河小浪底水利枢纽、平顶山昭平台水库、驻马店宋家场水库（铜山湖）和博爱青天河等水利风景区，都已走在了时代的前列。

黄河小浪底水利枢纽工程，不仅是中国治黄史上的丰碑，也是世界水利工程史上最具挑战性的杰作。更有依此形成的众多半岛、孤岛、险峰，河湾，水面等奇观。尤其是那气势宏伟的大坝、电站、排水洞，构成壮美的人文景观。同时还有集幽美、奇胜、典雅、亭台楼阁与一身的现代园林。吸引着无数天南海北的游人。

小浪底水利枢纽风景区，位于黄河中游最后一段峡谷的出口处，主要工程景观有大坝、地下发电厂、进水塔、出水口等。大坝采用"壤土斜心墙堆石坝"，坝长 1617 米，底宽 864 米，顶宽 15 米，最大坝高 154 米（海拔 281 米），总填筑量为 5185 万立方米，是我国目前最高最大的堆石坝，

黄河小浪底风景区

在世界排列第八位。坝后保护区建筑风格别具风范，与环境融为一体，山石泉瀑、廊桥步道更是处处体现出浓厚的中国元素。是集"山、湖、瀑、坝、洞"等景观于一体的精品生态旅游区，主要体现治黄历史文化和黄河山水自然文化。景区先后被各级组织授予"国家级水利风景区""河南十大旅游热点景区""洛阳市新八景之一""中国最具吸引力的地方""国家 AAAA 级风景区"等荣誉称号。

景区景点有黄河微缩景观、雕塑广场、工程文化广场、名人石刻、移民故居、黄河故道等。每年 6 月中旬景区利用小浪底调水调沙举办"观瀑节"，飞瀑流沙如巨龙翻滚，展雷霆万钧之势，瀑布天成，蔚为壮观，成为中原大地上独特胜景。

景区内生态环境优越，经环保部门监测，空气质量达到国家一级标准，噪音质量达到国家一类地域标准，地表水达到国家一类水域标准。景区内植被丰厚，属国家级珍稀植物有黑松、猥实、银杏、杜仲、麻栎等；野生动物品种繁多，有五彩山雀、雉鸡、绿头鸭、红头潜鸭、豆雁、大天鹅、渔鸥、苍鹭等 100 多个品种。景区旅游特产主要包括，黄河鲤鱼、银鱼、贡鱼等水产系列，以及黄河石、泥玩、泥砚、精仿唐三彩、柿饼、孟津梨、冬凌草等民间工艺与地方物产。

为了高起点开发旅游，水利枢纽及相关政府，在 2006 年，就委托北京达沃斯巅峰旅游规划设计院和中国旅游学院旅游发展研究院，对小浪底的旅游发展进行整体规划。2008 年河南华北

水利水电有限公司和同济大学风景科学研究又编制了小浪底风景区概念性详细规划。

现在，小浪底风景区内各项设施基本完善，可满足日接待游客 1 万人以上，年容纳量 300 万人以上。

昭平台水库为开发旅游改名昭平湖，位于河南省平顶山市鲁山县境内，水域面积 38 平方公里。独特的地理地貌造就了"一湖出平峡，万源聚山川"的自然美景。历史文化的博大精深与自然风光的绮丽迷人，在这里汇聚，泛舟水上，仰蓝天白云，眺青山起伏，俯碧波绿水，其景其趣其情令人宠辱皆忘，心旷神怡。1995 年河南省人民政府命名为省级风景名胜区，2002 年国家水利部批准为国家水利风景区，2006 年被批准为国家 AAA 级景区。

昭平湖水库，是响应毛主席"一定要把淮河修好"的伟大号召而建成的第一批治淮骨干水利工程，有长 2315 米气势磅礴的拦河大坝，有泄水量达 9600 立方米每秒的 16 孔泄洪大闸，有坐落于花丛中的水电站、舒心亭、休闲阁，有富含负粒子的天然氧吧——水杉生态林等景观、景点。

昭平湖景区文化底蕴深厚，历史文化源远

昭平台水库姑嫂石风光

流长。有奇妙的姑嫂石，神奇的鲁阳公挥戈返日处，宋朝杨家将带兵扎营处、沉睡千年的大型腾龙地画。金山环，绿树成荫，芳草青青，久负盛名的金山寺位居其中，以"兼爱、非功、节能、尚贤"思想倍受世人推崇的古代思想家墨子著书立说的"墨子著经阁"矗立山顶，居高临下，尽览湖光山色。

昭平湖还是华夏刘姓发祥地。随库水位升降时隐时现的邱公城岛，是新石器时代文化遗址、两汉时期鲁阳城故地，叠压有龙山、仰韶文化遗存，是中华第四大姓——刘姓始祖、夏代御龙氏刘累公封邑、埋葬地。大坝北端的招兵台山是东汉光武帝刘秀祭祖、招兵、与王莽展开昆阳决战的军事准备场所。正在建设中的刘姓拜祖胜地，2004 年第四届世界刘氏寻根（联谊）大会祭拜场所——中华刘姓祖苑，吸引了世界刘姓人士寻根问祖、朝敬祖庭。每年 4 月 19 日——世界刘姓统一祭祖日，来自海内外的刘氏后裔都在这里共祭始祖刘累公。

昭平湖湖水碧绿清澈，为天然优质矿泉水。湖内虾肥蟹美，鱼翔浅底，有河虾、河蟹、花鲢、鲤鱼、黄颡鱼、银鱼等十多个品种，是无污染、无公害、纯天然绿色食品，引无数游客驻足品尝。候鸟迁徙季节，湖面绿鸭成群，雁鸣阵阵，白鹭翻飞，一幅人间世外桃源景象。经过几年的开发建设，景区不仅给游人提供有漫游湖面的大中型游艇、刺激快船，配套有豪华宾馆以及功能齐全的餐厅、舞厅、会议厅等，还建设了集水上娱乐为主的综合游乐广场，内有中原第一飞——飞渡、沙滩浴场、碰碰车、垂钓

园等休闲娱乐项目。

博爱青天河风景名胜区，被誉为"北方三峡"，位于焦作市西北部博爱县境内，这里三步一泉，五步一瀑，青山绕碧水，绿树掩古寺。湖内行船荡舟，舟移景异，船在画中走，人在画中游，如游漓江，似进三峡，置身其中，悠然自得。

景区系国家水利风景区、世界地质公园、国家重点风景名胜区、国家 AAAA 级旅游区、太行山国家级猕猴自然保护区、中国青少年科学考察抢险基地、河南省最具魅力的十佳风景名胜区、河南省十大旅游热点景区，面积 106 平方公里，由大坝、大泉湖、三姑泉、西峡、佛耳峡、靳家岭、月山寺等七大游览区、308 个景点组成。

这里有世界独一无二的天然长城及世界奇观石鸡下蛋；有中原独一无二的高山峡谷湿地景色；有最大出水量 7 立方米每秒、洞径 2.18 米的"华夏第一泉"三姑泉及长达 7.5 公里的大泉湖。这里碧波荡漾，水随山势，百转千回，野鸭掠过水面，猕猴嬉戏其中。进入西峡，两岸青峰翠岭，水面一平如镜，杨柳临溪傍水，荆林神韵通幽，古朴小舟伴着暮归的老牛和牧童，一片田园牧歌式的风光呈现在眼前。更有那 7000 万年前形成的世界罕见天然大佛、1500 年前的北魏摩崖石刻、北魏官道等人文景观，会使你在这静谧的环境中返璞归真，去细细地体味和追溯历史的脚步。

如果说西峡让你享受的是原始幽静清雅，那么新开发的佛耳峡则完全是一幅动感的山水画廊。她蜿蜒曲折，犬牙交错，溪泉争涌，三潭九瀑，真可谓三步一景，五步一观，景随步走，步移景换，如梦如幻。

这里还有八极拳发源地，清乾隆皇帝曾三次朝拜的，与少林寺齐名的千年古刹月山寺。而红叶圣地靳家岭，是南太行山罕见的绿色长廊。她林海无边，植被茂密，四季如画。尤其是秋季满山红叶。堪称中原之最，是一处云雾飘渺、空气宜人的天然氧吧和森林乐园。

打造水利风景游览区，重在高起点的科学规划，重在整合各方面的优势，重在不断创新的经营管理模式。无论景区多么的喧哗，投资渠道有多么的复杂，但水利的主体不能变。这才是我们务必要注意和坚持的。评选"河南十大最美丽的湖"也好，开发新的水利风景区也好，但水利的根本不能丢！

后　记

　　当今的水利工作，比之单纯的农田灌溉和传统意义上的除害兴利，又增加了诸如解决水危机、保护水资源、改善水环境、水生态等许多复杂、艰难的新内容。人与大自然相处，只能顺势而为，不能去"征服"，人水和谐更是如此。鲧逆水性而为而无为，遭诛杀，诛杀的不是鲧，而是他的治水理念；禹顺水性而为而有为，成为大英雄，成功的不是禹，而是他的治水思想。

　　在即将退休之际，总感觉还想对水利工作说点什么。因为水是一段一段治的，这个"一段一段"，既有空间的成分，也有时间的含义。既是说一条河流的治理，要一步一步、按部就班；又是说水利事业不是一两个人、一两代人的事情，而是要靠我们一代一代前仆后继、薪火相传的。我只是一代人中的一个。

　　我在想，是否能用一种类似于感悟的形式，从"你""我""他"的角度，来探讨一下河南的治水文化？这个想法，得到了大家的支持。之后，我和几位副主编一起收集史料、文献，邀请老专家、老水利多次商讨，集百家之言整合、编纂，经历数不清的稿件增删，数不清的集中评点后，得成初稿凡20余万字。为便于大家阅读和理解，书中附有大量插图，力争图文并茂。

　　初稿集成后，又多次召开协调会，请水利厅相关单位技术人员对书中的技术数据、相关指标等进行认真审核，争取成书少出纰漏。

　　从编写到定稿，历时两年有余，《感悟河南水利》一书终于付梓。本书的写作，既是一种探索，也是一种尝试。本书试图以开放的写法、文学的手法贯穿古今，从而对河南的治水历史和现实实践进行系统的思考和感悟，其中有成功的经验也不乏失败的教训，将之总结起来，流传下去，给从事水利工作的同志们看，给关心水利的社会大众看，给有志于献身水利的学子们看。

　　《感悟河南水利》的编印，要感谢为此书提供准确、翔实资料的同志，感谢河南省水利厅领导还有各单位负责人的大力支持，感谢河南省白龟山水库管理局、河南省水利第一工程局的大力支持，感谢所有给予帮助的朋友们、同志们。由于本书创作时间仓促，加之写作水平有限，缺点和错漏在所难免，诚挚地欢迎广大读者进行批评指正。

　　书中数据以 2010 年底统计数据为准。